溧阳市古树名木保护复壮技术及典型案例解析

溧阳市自然资源和规划局 编

银杏

侧柏

白玉兰

石楠

板栗

青冈栎

麻栎

栓皮栎

槲榆

青檀

榉树

糙叶树

朴树

枣树

黄连木

三角枫

桂花

朴树

冬青

江苏凤凰美术出版社

图书在版编目（CIP）数据

溧阳市古树名木保护复壮技术及典型案例解析 / 溧阳市自然资源和规划局编. -- 南京 : 江苏凤凰美术出版社, 2024.1

ISBN 978-7-5741-1450-0

Ⅰ. ①溧… Ⅱ. ①溧… Ⅲ. ①树木—植物保护—溧阳 Ⅳ. ①S717.253.4

中国国家版本馆CIP数据核字（2023）第233450号

项目统筹　陈文渊　吕永泉
　　　　　姜　耀　程继贤
责任编辑　孙剑博
责任校对　唐　凡
责任监印　唐　虎
责任设计编辑　王左佐

书　　名　溧阳市古树名木保护复壮技术及典型案例解析
编　　者　溧阳市自然资源和规划局
出版发行　江苏凤凰美术出版社（南京市湖南路1号　邮编210009）
制　　版　南京新华丰制版有限公司
印　　刷　盐城志坤印刷有限公司
开　　本　889mm×1194mm　1/16
印　　张　10.5
版　　次　2024年1月第1版　2024年1月第1次印刷
标准书号　ISBN 978-7-5741-1450-0
定　　价　186.00元

营销部电话　025-68155675　营销部地址　南京市湖南路1号
江苏凤凰美术出版社图书凡印装错误可向承印厂调换

编委会

前言

溧阳市记录在册的古树有130株，隶属24科34属36种，树龄最大的有800年。大部分古树因自然老化、立地条件恶化、自然灾害、人为破坏、病虫危害等因素的影响，加之得不到有效的管理和保护，生长受到一定影响，超半数古树存在树洞及枯枝、主干空腐、雷击伤等问题，长势较弱。

为确保古树名木健康生长，溧阳市加大了古树名木保护经费投入，采取"保护为主、逐步推进"的方式，根据古树健康程度，分批次对古树进行了一次全方位的保护复壮。溧阳市自然资源和规划局、江苏省林业科学研究院以及江苏省林业局古树名木保护专家组成的"医疗队"，对全市古树进行了"会诊"，针对古树存在的问题，按照"一树一策"的原则，编制了《溧阳市古树名木保护工程实施方案》，并组织省、市有关专家对方案进行了论证和修改。古树保护团队按照方案要求，严格遵循"保护为先，一树一策"的准则，以确保古树安全为第一要务，针对具体问题采取针对性的保护复壮措施，逐株落实细化施工流程和技术措施。通过设置避雷设施，对古树周围进行清杂，支架支撑、枯枝清理、树体（树洞）修补（修复）、防腐处理、病虫害防治、根系土壤改良、排水透气设施改造、修建围栏等措施的综合使用，起到了明显的保护效果，古树长势明显变好。

在对古树全面保护复壮后，溧阳市加强了古树日常巡查，严格落实养护责任，不断提升古树名木保护管理水平，古树名木重焕勃勃生机，让人们感受到了古树生态文化之美，留住了美好乡愁记忆。

目 录

第一章　溧阳市古树资源概况和衰弱主要原因

一、溧阳市古树资源概况　/ 2

二、古树衰弱主要原因　/ 3

第二章　古树保护复壮主要技术措施

一、古树名木日常水肥管理　/ 8

二、树体枯死枝干清理及保护　/ 9

三、树体支撑加固　/ 10

四、树洞修补　/ 10

五、生长环境改善　/ 16

六、病虫害防治　/ 17

第三章　溧阳市古树保护复壮典型案例解析

银杏（009）　/ 32

侧柏（32048100020）　/ 36

侧柏（32048100021）　/ 40

白玉兰（32048100023）　/ 45

石楠（32048100024）　/ 49

板栗（32048100030） / 53

青冈栎（32048100031） / 57

青冈栎（32048100032、32048100033） / 62

麻栎（32048100034） / 68

栓皮栎（32048100035） / 72

榔榆（038） / 76

青檀（32048100039） / 81

青檀（32048100040） / 85

青檀（32048100041） / 89

榉树（32048100046、32048100047） / 93

榉树（32048100050） / 98

榉树（32048100057） / 103

糙叶树（32048100065） / 107

糙叶树（32048100066） / 111

糙叶树（32048100068） / 115

朴树（32048100079） / 119

枣树（32048100084） / 123

黄连木（32048100087） / 128

三角枫（32048100089） / 132

桂花（32048100092） / 136

桂花（32048100093） / 140

桂花（32048100094） / 144

桂花（32048100095） / 148

朴树（121） / 152

冬青（124） / 156

第一章
溧阳市古树资源概况和衰弱主要原因

溧阳市地处江苏省南部，隶属于江苏省常州市，有着2200年以上的悠久历史。溧阳南北长59.06 km，东西宽45.14 km，土地总面积1535.9 km^2。溧阳东邻宜兴，西与高淳、溧水毗邻，南与安徽省的广德、郎溪接壤，北接句容、金坛。溧阳境内有低山、丘陵、平原圩区等多种地貌类型，南、西、北三面地势较高，腹部与东部较平。南部和西南部为天目山余脉延伸，构成起伏的丘陵山区；西部和北部系茅山余脉的低山丘陵区；腹部自西向东地势平坦，为平原圩区。溧阳的土壤类型主要为黄棕壤和水稻土。溧阳属于北亚热带季风气候，全年四季分明，温和湿润，无霜期长，年平均气温16.6℃，全年无霜期达222天左右，年均日照时数为1561.0 hr，年均降雨量1149.7 mm，降雨日133天，夏季梅雨是其主要特征。充沛的降水以及优越的地理位置为溧阳的植物生长与繁衍创造了有利条件，为古树名木的生长提供了一个绝佳的环境。

明弘治《溧阳县志》："溧阳，吴越时曰固城，曰平陵，秦置溧阳县，历代遂沿其名。"溧阳人杰地灵，人才辈出。从东汉起，出任朝廷文臣武将的名人有史崇、史务滋、马一龙、史贻直等人；明清期间的状元有马世俊，榜眼有宋之绳、任兰枝。当代中国科学院学部委员、院士有经济学家狄超白，昆虫学家蔡邦华，化学家彭少逸等。千百年来，溧阳人懂感恩、重诚信、讲情义的脾性，促进了文明习惯和文明氛围养成，获评全国文明城市，入选全国新时代文明实践中心试点地区。这里有着众多的历史遗迹和文化景观，如古城墙、石桥、古井等，让人感受到溧阳悠久的历史和文化底蕴。同时，这里还有丰富的"活文物、绿古董"——

古树名木资源。古树名木的生长与溧阳历史文化的发展同步，从一个侧面见证并记录着溧阳城市的发展历程，形成了独特的人文资源，具有不可估量的文化价值。

一、溧阳市古树资源概况

据《古树名木普查技术规范》和《古树名木鉴定规范》，古树是指树龄在100年及以上的树木；古树等级分为一级古树、二级古树、三级古树，一级古树树龄在500年及以上，二级古树树龄在300~499年，三级古树树龄在100~299年；名木是指具有重要价值和重要纪念意义的树木。

截至2022年，溧阳市记录在册古树名木130株，其中：一级古树（树龄500年及以上）有7株，占比5.38%；二级古树（树龄300~499年）有17株，占比13.08%；三级古树（树龄100~299年）有106株，占比81.54%。树龄最高的达800年，是位于戴埠镇南渚村惠家自然村的榉树；其次是位于戴埠镇同官村的银杏，树龄达700年。这些古树均为乡土树种，具有强大的生命力，对环境的适应性及抗逆性极强，同时也展现出溧阳市的历史文化源远流长，文化底蕴深厚。

溧阳市现存的130株古树名木隶属24科34属36种。其中尤以榆科（*Ulmaceae Mirb.*）最多，共计59株，数量占总数的45.38%；其次为银杏科（*Ginkgoaceae nom.conserv*），共计11株，占总数的8.46%；壳斗科（*Fagaceae*）8株，占总数的6.15%，合计占总数的60%。榆科所包括的树种最多，有5种，分别为榔榆（*Ulmus parvifolia* Jacq.）、青檀（*Pteroceltis tatarinowii Maxim.*）、榉树［*Zelkova serrata* (Thunb.) Makino］、朴树（*Celtis sinensis Pers.*）、糙叶树［*Aphananthe aspera* (Thunb.) Planch.］。

溧阳市现存古树名木中以榉树［*Zelkova serrata* (Thunb.) Makino］数量最多，共29株，占总数的22.31%，榉树是我国特有的珍稀植物，具有重要价值，为国家Ⅱ级重点保护植物；朴树（*Celtis sinensis* Pers.）共16株，占12.31%；银杏（*Ginkgo* biloba）11株，占8.46%，银杏为中生代孑遗的稀有树种，是著名的活化石植物，为中国特有，对研究裸子植物系统发育、古植物区系、古地理及第四纪冰川气候有重要价值。其他树种数量相对较少，其中有2株金钱松（*Pseudolarix* amabilis）隶属于松科金钱松属，为中国特有的单种属植物，个体稀少，具有很高的研究价值，为国家Ⅱ级重点保护植物；另有3株树龄约500年的青檀，青檀（*Pteroceltis tatarinowii* Maxim.）隶属榆科青檀属，为中国特有的单属种植物、纤维树种及钙质土壤重要指示植物，为国家Ⅲ级重点保护植物。

溧阳市共 3 个街道、9 个镇，古树名木的分布以天目湖镇和戴埠镇相对最多，分别为 32 株和 30 株，占比分别为 24.62% 和 23.08%，且一级古树和二级古树也主要集中在这 2 个镇区；其他镇区古树名木分布相对较少。天目湖镇和戴埠镇独特的地理位置和人文历史背景，以及良好的经济基础，使得古树资源遗留相对较多，天目湖镇和戴埠镇相较其他地区更加适宜树木生长。

古树在生长过程中随着树龄的增加，加上人为破坏、生长环境变化、各类病虫危害等影响，古树的各项生理机能逐渐下降，甚至死亡。截至 2022 年，溧阳市现存的 130 株古树名木中，生长衰弱和濒危的有 41 株，占比达 31.54%。究其原因：一方面是树体自身原因，由于树龄较高，生长机能逐渐衰弱；另一方面是立地条件、人为活动、寄生植物、病虫危害等外界因素影响。

二、古树衰弱主要原因

（一）自身生理因素

树木健康是指树木具有良好的生长状态，影响古树名木健康生长的因素有很多。关于树木衰老的内因有许多猜测，目前普遍认为树龄老化是主要内因。树木自身营养元素随着其进入自然成熟阶段后逐渐减少，其自身的生理机能逐年退化，古树名木各方面能力逐渐减弱，其中包括生长力、光合作用能力、抗病性等。根部作为树龄老化的起点，根系发育能力也随树龄增长而逐渐衰退，其吸收能力和运输能力下降、营养吸收少、供给不足，树木生理机能无法正常运转，造成树枝逐渐枯萎落败，树势衰落。

（二）外界因素

1. 立地条件恶化

溧阳处于宜溧山区，虽然宜溧山区气候环境较为优越，但对于树龄较高的古树来说弊大于利，雨水较多，导致环境过于潮湿，造成古树逐渐腐烂衰败，促使古树生长势进一步衰弱。此外，溧阳市丘陵较多，对于生长在坡地、丘陵的古树名木，大多面临树周杂灌草较多、根系裸露、水土流失严重的问题（如下图）。土壤剥蚀会导致表层裸露的根系受干旱与高温伤害，

溧阳市 32048100035 号栓皮栎

32048100026 号枫香根系裸露

严重的甚至导致死亡。土壤过多堆积则会导致古树树干被埋，造成根系缺氧窒息死亡。

2. 地下营养空间不足

古树固定于某一地点并经过成百上千年的生长，根系持续不断地吸收消耗土壤中各种营养物质，土壤养分逐渐流失。随着水泥、砖石或其他硬质铺装材料的使用，各地修路、房前屋后翻修，对古树周围地面进行大面积铺装（如下图），枯枝落叶不能自然回归土壤，且又无法得到自然补偿以及定期的人工施肥补给养分，就容易造成土壤中某些营养元素的

溧阳市 32048100030 号板栗

32048100053 号榉树周围均被水泥覆盖

短缺，再加上古树的养分吸收能力下降，导致古树生理代谢过程失调，致使树体衰老加速。

还有些古树名木生长在台阶旁、石缝或砖缝中，生长空间小（如下图），随着树体的生长发育，地下根系较难向外生长扩展，树体生长活动受限，营养短缺。铺装地面对土壤环境的影响表现为降低土壤通透性，减弱土壤与大气间的水气交换。长期在这种土壤环境下生长的古树名木，生长势趋向衰弱，甚至死亡。

溧阳市 32048100065 号

32048100068 号糙叶树生长空间狭小

3. 寄生植物和竞争植物

有部分古树名木树体腐烂，腐烂处潮湿疏松，为其他植物提供了生长场所，如构树、桑树等，常有鸟儿衔食等情况，致使种子掉落在古树上，继而在树上生长发育，但其根系在古树内部生长扩散，造成古树树皮空鼓，营养运输不良，导致古树生长势衰弱。

溧阳市 32048100079 号朴树寄生植物仙人掌

124 号冬青竞争植物

还有部分古树名木周围其他乔灌草较多，与古树名木争夺光、水、养分以及地上、地下空间，致使古树名木养分生产削减、运输力下降、吸收不足，树体顶端能接收的养分减少，无法支持其正常生长需要，造成顶端枝干枯死，树体生长势日渐衰弱。

4. 病虫害

古树由于年代久远，在其漫长的生长过程中，难免会遭受一些人为和自然的破坏，造成各种伤残。例如主干中空、破皮、树洞、主枝死亡等现象，导致树冠失衡，树体倾斜，树势衰弱而诱发病虫害。高龄的古树已经过了其生长发育的旺盛时期，开始或者已经步入衰老至死亡的生命阶段，如果日常养护管理不善，人为和自然因素对古树造成损伤时有发生，古树树势衰弱已属必然，为病虫的侵入提供了条件（如下图）。对已遭到病虫危害的古树，如果得不到及时和有效的防治，其树势衰弱的速度将会进一步加快，衰弱的程度也会因此而进一步增强。

溧阳市 32048100035 号栓皮栎

038 号榔榆树体被蛀干害虫危害

5. 极端天气

近年来，全球气候趋于一个不稳定的态势，自然灾害频发，这是古树名木面临的重大生存危机之一。极端的气候和自然灾害是造成古树名木树皮开裂、断枝倒伏、树皮树干积水腐烂成洞的重要原因。极端气候和自然灾害使得土壤含水量失衡，加速了古树名木的衰老，更难抵挡病虫的侵蚀，从而一步步走向衰亡。

溧阳市32048100070号

32048100080号朴树雷电、大风为害

6. 人为活动

一些古树名木生长在公园或旅游景点中，来往人员密集，客流量大，古树名木周围的土壤被大量踩踏，使得土壤密度越来越高，土壤的透气透水性能越来越差，严重影响了古树名木的根系生长；一部分游客在古树名木上乱写乱画、肆意攀折，也严重影响了古树名木的健康生长；还有部分古树基部存在焚烧香火的现象，导致古树基部因高温、火灾而失活。

第二章

古树保护复壮主要技术措施

一、古树名木日常水肥管理

古树名木一般为老龄期，树势变弱，根系生长力减退，易受不良因素影响。加强古树名木的日常水肥养护管理，是保证古树正常生长、减缓衰老的主要措施，有助于提高树体生活力，增加树体抗逆性。主要的施肥措施有：树干注液、叶面喷肥以及根系施肥等。应根据古树名木生长势、生长环境等综合选择施肥措施及施肥量。由于古树年老，生长势弱，根系吸收能力差，故施肥时不能施大肥、浓肥。在古树的日常养护时，应将施肥、灌溉、中耕松土三者有机结合，提高水肥利用效率，同时，根据季节变化调整工作，促进古树名木的健康生长。

树干注液：树干滴注液态肥法是指水分、肥料、农药或激素等不经过植物根系或叶面吸收，而是采用简单的输液装置直接从木质部输入植物体内的一种方法。该方法能使树体在短时间内快速补充营养元素，从而提高树体的营养水平，改善树体内部生理调节机能，使衰弱树体恢复生机。此技术还能激发根系动力，提高矿质营养吸收利用率。

叶面喷肥：叶面喷肥是生产上常用的一种施肥方法。相较于土壤施肥，叶面喷肥的优点是针对性强、吸收快、养分利用率高、施肥量少。尤其在土壤环境不良，土壤水分或化学性质不适造成根系吸收利用效果低下时，叶面追肥可以快速弥补不足养分，但稳定性较土壤施肥差。

根系施肥：由于每株古树所处环境不同，土壤结构不同，所以在施肥前有必要检测土壤理化性质，根据分析结果确定肥料种类，从而及时合理地利用肥料。

灌溉：树木的生长离不开水分。气候干旱时，古树名木存在缺水甚至严重缺水的现象。土壤干旱缺水时，要及时进行根部缓流浇水。

中耕松土：古树名木的水肥管理常与中耕松土相结合。对古树名木根系范围内的土壤适时进行翻挖、疏松，有利于水肥的高效利用。

每年在古树名木的生长季节对其营养根系的土壤松土1~2次。具体做法：树冠投影范围内进行20~40 ㎝左右的中耕松土，注意清理土壤中的垃圾杂物，并结合施肥，改善土壤的结构及透气性。某些坡地上不能深耕时，通过松土结合覆土保护根系。中耕松土后可加灌含生根粉的药液，促进古树新生根系萌发和生长。

季节性养护：古树名木生长缓慢，对其的复壮工作不是一劳永逸的，而是一个长期的生长恢复、生态保护过程。古树的日常养护要将施肥、灌溉、中耕松土三者有机结合，根据季节变化调整工作。春季主要工作：根据天气状况、树种特性和土壤含水量，适时浇灌返青水。可结合土壤和树体营养分析结果，进行配方施肥，以适量腐熟有机肥为宜。夏季主要工作：根据天气状况和土壤含水量，及时浇水并对古树名木保护范围内土壤进行中耕松土。秋季主要工作：根据古树名木生长状况，做好中耕松土、根系施肥或叶面喷肥工作。根据天气状况和土壤含水量，适时浇水，防止过早黄叶、落叶。冬季主要工作：11月中下旬土壤封冻前浇灌冻水。

二、树体枯死枝干清理及保护

古树名木一方面受自身生长势衰弱的影响，根系吸收和传导养分的效率逐渐下降，导致部分枝干养分供给不足，长期则造成枝干衰弱枯死；另一方面受恶劣天气影响，造成枝干折断死亡。如不对枯死枝干进行及时清理，则会导致枝干持续腐烂，并且腐烂会向主干延伸，造成主干空洞；在行人来往密集的一些古树，则会产生一定的安全隐患，因此需对树体枯死枝干及时进行清理。

可使用油锯、高枝剪等进行清理。首先对所用工具进行消毒，清理有安全隐患的枯死枝、断枝、劈裂枝，并适当疏枝，包括部分生长衰弱枝条、病虫枝、交叉枝、萌蘖枝；适当短截树冠外围过长枝。及时疏花疏果，减少树体养分消耗。要力求创伤面最小，以利于伤口愈合。

然后用药剂（2%~5% 硫酸铜溶液、0.1% 的升汞溶液、石硫合剂原液等）对修剪造成的伤口进行消毒。伤口应及时保护处理，用含有 0.01%~0.1% 的 α－萘乙酸膏涂在伤口表面，可促进伤口愈合，并定期检查伤口愈合情况。

对能体现古树自然风貌、景观、无安全隐患的枯枝应做防腐处理后（一般使用熟桐油进行处理，刷涂 1 遍，打磨 1 遍，重复 2~3 次）予以保留。由于雷击使枝干受伤的树木，应将烧伤部位锯除并涂保护剂。

三、树体支撑加固

古树由于年代久远，主干或有中空，主枝常有死亡，造成树冠失去平衡，当遇到强烈的大风或者暴雪时，极其容易造成枝条断裂，严重的甚至会导致树体倒伏。古树树干一旦断裂或整个树体倒伏，就很难再重新焕发新的生机，因而需用它物支撑。

目前树体支撑分为两大类：一类为拉纤技术，主要是软性支撑，用铁线等进行支撑加固；另一类为硬性支撑，硬性支撑主要应用金属类管状或柱状进行支撑。

树体明显倾斜、树冠大、枝叶密集、主枝中空、枝条过长、易遭风折的古树名木，可采用支撑、拉纤等方法进行稳固。树冠上有断裂隐患的大分枝可利用螺纹杆、铁箍等进行固定。根据树体状况和周围环境选择合适的支撑、稳固形式。选用材料的规格要根据被支撑、稳固树体枝干载荷大小而定。支撑、稳固设施与树体接触面加弹性垫层以保护树皮。施工工艺要符合力学要求，安全可靠。采用非活体支撑，稳固材料要经过防腐蚀保护处理。定期检查支撑，消除安全隐患。

四、树洞修补

古树经常会出现空洞的情况。由于树体遭受的损伤较大、不合理修剪留下的枝桩以及风折等情况下，伤口愈合过程慢，甚至完全不愈合，长期外露的木质部受雨水浸渍，木腐菌和蛀干害虫有充足时间侵入皮下组织造成腐朽，形成树洞，严重时树干内部中空，树皮破裂。这些有机体的活动反过来又会妨碍新的愈合组织形成，最终导致树洞的形成。

目前对树洞的处理方式有三种：开放式、封闭式、填充式。三种方式前期流程一致，包括对树洞进行清腐处理、消毒处理、病虫害防治、防腐处理。开放式处理，在此基础上不做其他封堵处理，但需做好排水处理；封闭式处理，在此基础上为保持树体美观，使用人造仿真树皮直接对树洞进行封闭；填充式处理，在此基础上，使用填充材料对树洞内部进行填充，目前常用的填充材料为聚氨酯发泡剂，对于树洞较大的古树，在填充时可做龙骨，加固树体，待树洞填充完成后，可选择刷树体颜色相近的油漆或使用仿真树皮进行封堵。

（一）前期流程

1. 清腐：清理树洞的主要目的是将树洞内部已经腐烂的树体、填充物等彻底清除，直至露出新鲜的新的活体组织，目的是促使树木生长出新的组织，利于发掘树体活力，其次是避免二次腐烂对树体造成的伤害，其中，选用的工具均要在70%酒精或其他工具消毒液中进行消毒，防止工具对树体的二次真菌感染。

具体做法目前有两种，一种为人工刮片处理，是人工用刮刀清理腐烂部分，注意刮除洞口要呈椭圆形或者圆形，利于二次补洞，下沿面要低，利于排水。第二种方法是用高压水枪进行刮除处理。二者有不同的效果，前者利于树洞的二次修补，利于新生组织的生长，后者是无害的处理方法，但是后期也要使用刮刀等对洞口进行调整和处理。

2. 消毒处理：清理树洞之后便是对树洞内部创伤口以及刮刀所处理过的地方进行消毒处理，防止真菌以及细菌的滋生，是初步的消毒手段，仅止于第一层的消毒。具体的使用方法有以下几种：

（1）1%硫酸铜溶液或者1%甲醛溶液进行消毒。单纯使用上述的消毒液，均匀涂抹于树洞伤口以及洞口外部的伤口，晾干后进行下一步。必要时可涂抹多遍，但是上述使用的消毒剂本身对树体有腐蚀和副作用。

（2）2%~5%硫酸铜溶液+0.1%升汞溶液+石硫合剂溶液，这种是比较强烈的消毒剂用法，一般适用于不再进行填充，需要很强的杀菌消毒期限的填充手法，适用于不填充的单纯补干法、木板对接树洞法等树洞空洞未进行填充的方法，对消毒杀菌的要求比较高，对于此类消毒剂，后续根据需要刷杀菌剂、防水剂等。

（3）季铵铜溶液或者铬砷铜溶液，这两种方法选用的消毒剂对于树体而言较为安全无害。

（4）1:30~1:50的硫酸铜溶液，功能用途如上。

（5）高锰酸钾喷雾，功能用途如上。

3. 病虫害防治：对于树体而言，即使清除了树体内部的腐烂和对表面进行了简单的杀菌消毒，树体内部还有一些深藏于内的虫害或者细菌、真菌，极易形成更大的伤害，目前主要根据树种的不同而选择不同针对性的药剂，一般使用内吸性药剂，主要的使用方法有如下几种：

（1）溴氰菊酯或灭蛀磷原液，此种杀虫剂针对残留的蛀干害虫十分有效。待前期树洞内部树干干燥、施用消毒剂后喷施杀虫剂、杀菌剂，防止刮除干净的木质部同外界接触发生感染而引发腐烂。

（2）此外还可以施用相关的林木杀菌剂，喷施在树洞内部，晾干后继续进行下一步，如针对腐霉真菌引起的病害有特效的敌克松，一般土壤常用计量为 95% 的可湿性粉剂选用（0.5~1.4）g/m^2 混于水中稀释使用，溶解较慢，宜用少量水混匀后再用水稀释。或者施用多菌灵，多菌灵易于被植物吸收，但是残存期为 7 天，对树体的生长有刺激作用。

4. 防腐处理：古树经过树洞的清理和简单的消毒后，无论树洞内部是否填充，都需要在树洞内部进行涂刷或者在填充物中添加防腐剂，防止材料或者树体的腐烂。由于大树生长在野外，雨水浸入树体，潮湿温暖的环境利于腐生菌的生长，因此防腐也是重要的措施。目前，古树上施用的有以下几种防腐剂：

（1）桐油：桐油为桐树果实经过机械的压榨后加工提炼而成的植物油，一般使用熟桐油，桐油有防水、耐腐的作用，极易获得又经济实用，是目前使用最广的防腐剂。

（2）植物精油，具有杀菌、杀虫的功效，对昆虫除了有着直接毒杀、引诱的作用外，还有趋避害虫、对昆虫有着生长抑制的作用。现在已知效果明显的植物精油有柠檬草油、冬青乳油、木姜子油、山苍子油等。

（3）松香，是一种极好的具有防腐作用的无公害的植物附属产物，其防腐作用的原理主要是通过降低木材吸湿性，以及对水基类的木材防腐剂有着固着作用而实现的。由于松香本身就是植物的产物，对环境、树体无伤害，因此由松香衍生出来的松香衍生物对木材腐朽菌也有着抑制的作用。如松香基酰胺、双 N–（3– 松香酰氧基 –2– 羟）丙基 –N、N– 二甲胺经证实，均对密粘褶菌等菌类产生了防腐效果，有些甚至达到了一级防腐的效果。此外还有松香季铵盐衍生物、松香咪锉啉衍生物等也具有防腐抑菌的作用。试验证明，1%、4% 的松香乳液可以提高易流失水基防腐剂在木材中的固着作用和提高木材的耐腐性。

（二）填充

经过清理、消毒、杀菌后，便是对树洞进行填充，目前有两种主要的处理方式，一种是对树洞进行填充，一种是不填充。不填充即进行完上述三步后不进行填充这步，直接进行下面的封干等步骤，一种为紧密型填充，在树体内部充满填充材料，主要有以下几种填充材料：

（1）铁管或钢管等龙骨

这种一般是树干重塑的方法中对树洞内部进行的处理。对于一些腐烂十分严重，树皮外部基本已经不成形的古树，还可使用这种树干重塑的技术来重新塑造树干的外表皮，在距原有树干的适当距离，设置地锚稳定铁管，用拉扣将树干和铁管连在一起，然后做龙骨，塑发泡剂恢复原有的树干原貌，最后经过对树皮的仿真成型即可完成。这种做法的优点是既保存了树干的原有风貌，又不用过多地使用发泡剂等填充，防止雨水渗漏，在树洞的底下做斜坡引流雨水流出或者做导出管即可防止雨水渗漏；缺点是树干重塑技术对工人的要求极高，要求与树干的连接处既不能对古树造成伤害，又要使树干和铁管连接紧密结实。

（2）聚氨酯发泡剂 + 木板条 / 块状木

发泡剂填充是目前为止最有效的填充技术之一，得益于它完美的贴合度与黏合性，使得将建筑所用的聚氨酯发泡剂一经在树体上实验过后便风靡全国，目前没有出现有效的可以替代该种填充技术的新兴技术，目前所使用的技术基本上都是在聚氨酯发泡剂的基础上改进或者更新，以期去掉它的弊端，留有优点。

在应用发泡剂填充时，首先要做好钢筋或木架支撑，在其中大部分空洞的位置填放木条或者木块，随后倾倒发泡剂，让发泡剂在树洞内膨胀，充满树洞。选用发泡剂做主要的黏合剂或者与木条、木块一同填充的原因在于发泡剂与钢筋或木材有很强的黏合力，使古树树干、钢筋、木材、发泡剂充分黏合成为一体，加固树体的作用不言而喻。此外还可以加入一种叫三氧化二锑的阻燃剂在填充物中，防止古树树洞起火。

（3）纯发泡剂

原理和使用同上述类似，不过在一些较小的洞体内部或者树干的空洞部分可以直接选择使用发泡剂填充，利于其膨胀的特性填充空洞，起支撑作用。

（4）轻量土

轻量土也称为EPS轻量土，是由原料土、水泥、水、聚苯乙烯泡沫颗粒（Expanded

polystyrene）、植物纤维等的混合物构成，轻度小，强度随着原料的配比不同而不同，具有可调节性、变形小等特点。轻量土作为新型材料，具有一般意义上的土所不具备的耐腐、抗腐的作用，无污染、无公害且具有一定强度的支撑作用，是理想的填充材料之一。同时可在轻量土中添加相应的营养物质、促生根液等。目前并没有相关轻量土可施用于林木中的相关实验和数据，但已知轻量土可以运用在屋顶花园的土壤中，具有促进植物生长，同时也利于保水透气，是十分适宜的理想材料。

（三）封干

进行完填充后，就要进行封干，有时可以只使用封干，不封树皮或者只封树皮，不封树干，或者封干后为了美观、良好的景观效果再进行封皮。封干不封皮的主要方法有木板对接法、补干法、二丁酯封干法等。

主要的封干方法和封干材料有：

（1）铁丝或者电镀锡薄钢板（俗称马口铁）

修补树洞完成之后，在洞口用网状的铁丝或者电镀锡薄钢板（俗称马口铁）封堵洞口，随后在铁丝网或者马口铁上边涂抹一层水泥石灰，随后再涂抹紫胶脂等黏合防腐剂。树洞过大将会导致树体不稳定，需在洞口两侧安装横向的螺纹杆用来固定树体。

（2）木板条（竹板条）+防水填泥（也称腻子）

这种方法一般是清除掉腐烂物、消毒、杀虫、杀菌后，直接用木板条或者竹板条封闭树洞，采用的开放修补法，利于通风透气、排水等，同时兼具实惠与经济的作用。方法是在洞口外部钉上板条，用防水填泥（腻子）封闭，再用水胶黏，之后选用白灰乳胶黏合成树皮状纹或者直接钉上一层真树皮，起到景观美化的作用。

（3）木板条+玻璃钢

具体做法是经过对树洞的消毒清理杀菌防腐后，钉木板条，高度应低于洞口平面，然后在木板条上涂覆熔化好并调色好的玻璃钢，凝固后的高度应低于古树树皮，与古树的木质部相接，在底部留有出水的孔洞，这种是典型的补干不补皮的做法，目的是使古树洞口周边的新生组织向外生长，能扣紧仿真的玻璃钢树干，在防止雨水渗漏的效果上优于其他的方法。

（4）发泡剂

在不填充树洞的前提下，单纯使用铁丝进行封口后，在表面施用聚氨酯进行封口。

（5）二丁酯

使用聚氨酯发泡剂和木材填充刮除部位及树洞后，根据情况，在主干或主枝上选点，放入排水管，并用发泡剂固定。削除聚氨酯发泡剂多余的部分，使树干上填充部分高度低于周围干皮 4~5 ㎝，在发泡剂表面用钢刷刷出一层毛茬，然后涂抹一层黏合胶，在黏合胶上覆盖一层混有专用胶和干皮色油漆的水泥，水泥厚度保持在 4~5 ㎝，待水泥干透后，刷二丁酯三次，总厚度约 1mm。

（四）封皮

在进行封干法或者填充后，为了美化树体、增加景观效果，一般会进行封皮或者对填充后的树洞外部进行装饰，有些装饰甚至可以以假乱真，通过假饰外部形态，使古树更具有韵味。

一般使用的封树皮的方法和主要的使用手段如下：

（1）水泥灰浆 + 紫胶脂

使用水泥灰浆涂抹于填充口处，在水泥灰浆外部涂刷一层混有树皮色的干漆，之后涂抹紫胶脂用来防腐以及封闭连接处。

（2）白灰乳胶

这种方法是在封干之后或者单纯地在铁丝封闭洞口之后在上面涂抹白灰乳胶，由于白灰乳胶的黏性会粘在铁丝或者封闭物上，待干透后用小刀或者刷子刷出倒刺或者刻出树皮的纹路，随后在白灰乳胶的外部刷棕色漆，或者在白灰乳胶中增加颜料也可达到同样的目的。

（3）真树皮

为了使景观效果更逼真，也可使用修补树木同种的树皮进行封皮，将树皮用黏合剂黏合在树干或者支撑物外表面，随后在树皮上涂刷封闭用的油或者二丁酯等材料，防止水的渗入、真菌入侵等。

（4）玻璃钢树皮

玻璃钢仿真树皮的制作工艺，是用乳胶均匀涂抹到古树的树干上，待凝固后，把乳胶扒下，制作完成树皮模具，然后把树皮纹理面向上平铺于地面，待玻璃钢熔化后，根据古树树皮的颜色把染料加入熔化好的玻璃钢中，直至颜色接近古树树皮的颜色，然后倒入乳胶模具中，待冷却后，扒下乳胶便成了玻璃钢树皮。随后使用黏合剂将玻璃钢树皮黏合到树干上。

树腔防腐、填充、修补使用的材料应具有如下特点：

安全可靠，绿色环保，对树体活组织无害。防腐材料的防腐效果持久稳定。填充材料能充满树洞并与内壁紧密结合，并具有一定的延展性。对树体稳固性影响小的树腔可不作填充，有积水时可在适当位置设导流管（孔），使树液、雨水、凝结水等易于流出。树腔太大或主干缺损太多，影响树体稳定，填充封堵前可做龙骨，加固树体。树腔填补施工宜在树木休眠期天气干燥时进行。

五、生长环境改善

（一）地上部分环境改善

需为古树名木留出足够的生长空间，参照树冠投影划定保护范围。在保护范围内，不得有影响古树正常生长的建（构）筑物。伐除古树名木树冠投影内影响其生长的植物，修剪影响古树名木光照、生长的周边树木枝条。

有树池的古树名木，可根据环境铺设不同形式的腐熟有机覆盖物，或种植有益于古树名木生长的乡土地被植物。

古树名木周围铺装地面应采用透气铺装。地面有硬质铺装的，拆除吸收根分布区的硬铺装。同时可结合复壮沟或孔穴土壤改良技术，改良土壤。

树体高大且周围没有避雷装置的古树名木，应安装不损伤树体的避雷装置。

在进行护根保护时，需要做到：①生长于平地的古树名木，裸露在地表的根系要覆盖超过 10 ㎝厚度、适合根系生长的基质加以保护。②生长于坡地且树根周围出现水土流失的古树名木，应设置护坡，回填一定厚度、适合根系生长的基质护根。护坡高度、长度及走向依地势而定。③生长于水系边的古树名木，应根据周边环境需要进行护岸加固，保护根系。可以用石驳、木桩等。

（二）地下部分环境改善

根系土壤密实板结，通气不良，可采取复壮沟土壤改良技术和土壤通气措施，改善土壤理化性质（如下图）。单株古树在一个生长周期内可挖 4~6 条复壮沟，古树群可在古树之间设置 2~3 条复壮沟。复壮沟的大小和形状因环境而定。结合复壮沟可竖向或横向埋设通气管（井），也可根据情况单独竖向埋设通气管。

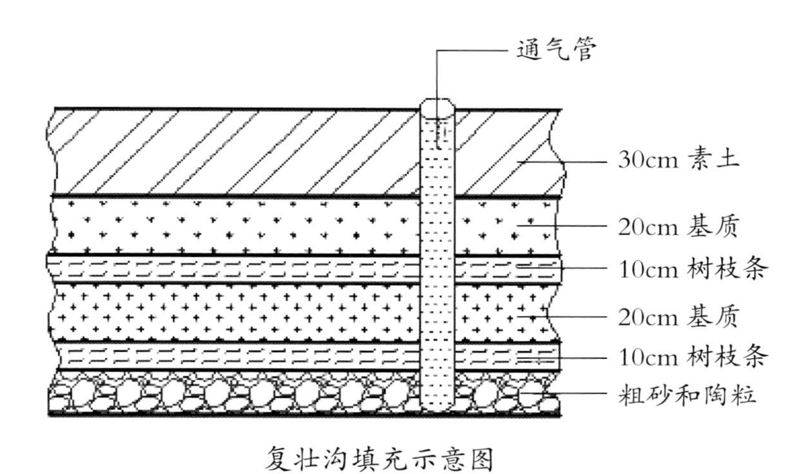

复壮沟填充示意图

根系土壤干旱缺水，应及时进行根部缓流浇水，浇足浇透；当土壤积水，影响根系正常生长时，则要采取措施排涝。根系土壤污染，应根据污染物不同采取相应措施加以改造，清除污染源。

依据土壤肥力状况和古树名木生长需要，进行土壤施肥改良，平衡土壤中矿物质营养元素，可结合地下复壮沟和孔穴土壤改良技术进行。

六、病虫害防治

古树易受病虫侵害，由于先期害虫（如叶部害虫）等的危害，消耗水分和养分，易使树势衰弱。古树一旦衰弱后，蛀干害虫如小蠹虫、天牛等次期害虫乘虚而入，破坏树木的输导系统，容易造成树木死亡。因此，应坚持预防为主，综合防治，推广和采用低毒无公害的生物农药，定期检查，适时防治，合理使用农药，注意保护天敌，减少环境污染等措施，开展古树的病虫害防治工作，增强树势。

附：常见病虫害预防

中文名	煤污病
寄　主	紫薇、冬青、山茶、桂花等多种林木
危害部位	叶片、新梢

相关信息：

鉴定特征：

又称煤烟病，在花木上发生普遍，影响光合作用，降低观赏价值和经济价值，甚至会引起死亡。其症状是在叶面、枝梢上形成黑色小霉斑，后扩大连片，使整个叶面、嫩梢上布满黑霉层。由于煤污病菌种类很多，同一植物上可染上多种病菌，其症状也略有差异。呈黑色霉层或黑色煤粉层是该病的重要特征。

生物学特性：

煤污病病菌以菌丝体、分生孢子、子囊孢子在病部及病落叶上越冬，翌年孢子由风雨、昆虫等传播。寄生到蚜虫、介壳虫等昆虫的分泌物及排泄物上或植物自身分泌物上，或寄生在寄主上发育。高温多湿、通风不良，蚜虫、介壳虫等分泌蜜露害虫发生多，均加重发病。

防治方法：

（1）植株种植不要过密，适当修剪，温室要通风透光良好，以降低湿度，切忌环境湿闷。

（2）植物休眠期喷波美 3~5 度的石硫合剂，消灭越冬病源。

（3）该病发生与分泌蜜露的昆虫关系密切，喷药防治蚜虫、介壳虫等是减少发病的主要措施。适期喷用 40% 氧化乐果 1000 倍液或 80% 敌敌畏 1500 倍液。防治介壳虫还可用 10~20 倍松脂合剂、石油乳剂等。

（4）对于寄生菌引起的煤污病，可喷用代森铵 500~800 倍液，灭菌丹 400 倍液。

中文名	枝枯病	
寄　主	生长势衰弱的树木	
危害部位	枝干	

相关信息：

鉴定特征：

始发症状为当年枝梢急性凋萎，一般枝梢叶片首先急性青枯，后渐渐呈枯黄、褐黄直至枯死，症状初现时不脱落，1~2 个月后叶片才渐渐开始脱落。湿度高时，落叶后的叶痕有白色绒毛状菌丝长出，有时蔓延到枝干及枝条伤口。发病部位木质部受害呈褐色或深褐色。

生物学特性：

该病在 9 月至翌年 3~4 月集中暴发，症状主要在夏末秋初开始出现，一般从树体上冠部先出现零星叶片青枯，之后顶部、外围枝条及内膛枝均有不同程度的发病。但次年春季症状减轻，甚至正常抽梢、结果，但秋季出现更严重的症状，重复 2~4 年，根系枯死，植株死亡。

防治方法：

结合修剪，剪除病枝、病蔓，并集中烧毁，不使病菌在其上越冬。

加强管理，增强树势，提高树体抗病能力。合理修剪，创造不利于病害发生的环境条件。

发芽前喷施一次 40% 福美砷可湿性粉剂 100 倍液 + 助杀 1000 倍液，或 75% 五氯酚钠可湿性粉剂 150−200 倍液 +2−3° Be 石硫合剂，铲除枝蔓越冬病菌。

生长期喷药。从新梢长至 30 厘米左右时开始喷药，15 天左右一次，连喷 1~2 次即可。有效药剂如 1:0.5−0.7:160−240 倍波尔多液、80% 大生 M−45 可湿性粉剂 600~800 倍液、77% 可杀得微粒可湿性粉剂 500−600 倍液、14% 络氨铜水剂 400~500 倍液及 50% 多硫胶悬剂 500~600 倍液等。

中文名	立木腐朽病 
寄　主	生长势出现衰弱的树木（一般发生在老年树上，少见于中龄以下的树木）
危害部位	树木整体

相关信息：

鉴定特征：

立木腐朽是指活立木的木质部腐朽，是寄生性病害。立木腐朽一般发生在老年树上，少见于中龄以下的树木。腐朽的过程除致腐真菌外，还有不直接引起腐朽的其他真菌和细菌参加，病菌主要从伤口或死枝桩侵入立木。活立木受木腐菌感染后，由于被害部位不同，症状上有着很大差异。边材被害的立木一般表现为生长衰退，叶色发黄，严重时导致死亡；若仅心材受害，树木的外表上往往没有任何受浸染的表现，病状只有在将立木伐倒后才能显现出现。

防治方法：

清除树木上引起腐朽的病菌子实体，人工清除树体上的腐烂组织，对树体进行消毒杀菌，之后进行防腐处理，使用熟桐油等进行刷涂，对树洞进行封堵，防止树干内部积水。及时清除树木上的枯死枝干，合理修剪、疏枝。

中文名	溃疡病 
寄　主	针阔叶树上均有可能发生。
危害部位	枝干、果实、叶片等

相关信息：

鉴定特征：

发病初期，病斑不明显，颜色较暗，皮层组织变软呈深灰色，病部稍隆起。发病后期，病部树皮组织坏死，枝、干受害部位变细下陷，纵横开裂，形成不规则斑。当病斑环绕枝干一周时，树木则濒于死亡。最后，病斑处长满黑色小颗粒状物，为病原菌分生孢子器。小树、苗木当年枯死，大树则数年后枯死。

生物学特性：

病原菌以菌丝体和分生孢子器在枝、干病皮上越冬。翌年 3 月下旬病菌开始活动，产生分生孢子，分生孢子靠雨水飞溅，向四周扩散传播到寄主枝皮和干皮上。在水湿条件下萌发，由伤口侵入皮层。该病原菌是一种弱寄生菌，它只能侵染生长不良、树势衰弱的树木。

防治方法：

（1）对于初发病较轻的树木，选用 50% 多菌灵或 70% 甲基托布津 200 倍液，喷树干和大的侧枝，7 至 10 天 1 次，连续喷 3 次，病斑愈合率可达 90% 以上。

（2）对于发病重的林木，先刮除病斑，病斑上部用毛刷涂药，可选用 70% 甲基托布津 1 份加植物油 2 份或 50% 多菌灵 1 份加植物油 1 份或波美 5 度石硫合剂原液直接涂刷病斑，也可以用医用注射器注射 1% 溃腐灵 50 倍液于病部。

中文名	光肩星天牛
拉丁名	*Anoplophora glabripennis* Motsch.
分类地位	天牛科沟胫天牛亚科星天牛属
寄　主	柳、杨、苦楝、桑、水杉、槭、元宝枫、榆、苹果、梨、李、樱等
危害部位	树干，咬食树叶或小树枝皮和木质部

相关信息：

鉴定特征：

成虫：体长 17~39 毫米，漆黑色，带紫铜色光泽。前胸背板有皱纹和刻点，两侧各有一个棘状突起。翅鞘上有十几个白色斑纹，基部光滑，无瘤状颗粒。卵：长 5.5 毫米，长椭圆形，稍弯曲，乳白色；树皮下见到的卵粒多为淡黄褐色，略扁，近黄瓜子形。幼虫：体长 50~60 毫米，乳白色，无足，前胸背板有凸形纹。

发生规律：

一年发生一代，或两年发生一代。以幼虫或卵越冬。来年 4 月份气温上升到 10℃以上时，越冬幼虫开始活动为害。5 月上旬至 6 月下旬为幼虫化蛹期。从做蛹室至羽化为成虫共经 41 天左右。6 月上旬开始出现成虫，盛期在 6 月下旬至 7 月下旬，直到 10 月份都有成虫活动。6 月中旬成虫开始产卵，7、8 月间为产卵盛期，卵期 16 天左右。6 月底开始出现幼虫，到 11 月气温下降到 6℃以下，开始越冬。光肩星天牛主要为害加杨、美杨、小叶杨、旱柳和垂柳等树。幼虫蛀食树干，为害轻的降低木材质量，严重的能引起树木枯梢和风折；成虫咬食树叶或小树枝皮和木质部，飞翔力不强，白天多在树干上交尾。雌虫产卵前先将树皮啃一个小槽，在槽内凿一产卵孔，然后在每一槽内产一粒卵（也有两粒的），一头雌成虫一般产卵 30 粒左右。刻槽的部位多在 3~6 厘米粗的树干上，尤其是侧枝集中、分杈很多的部位最多，树越大，刻槽的部位越高。初孵化幼虫先在树皮和木质部之间取食，25~30 天以后开始蛀入木质部；并且向上方蛀食。虫道一般长 90 毫米，最长的达 150 毫米。幼虫蛀入木质部以后，还经常回到木质部的外边，取食边材和韧皮。

防治方法：

适时喷药杀成虫，是减少虫源控制为害的关键。在成虫羽化出孔盛期，连续喷药 2~3 次，即可在成虫产卵前大量消灭成虫。第 1 喷药适期为刚看到成虫咬产卵槽，一般为 6 月上旬，并于 7 月上旬和 8 月上旬再分别喷 1 次。药剂可用 80% 敌敌畏与 40% 氧化乐果以 1:1 的比例配成 1000 倍液。

防治卵及初孵幼虫：用锤击杀；向有虫处（蛀孔）涂抹敌敌畏（50 倍液）或煤油；用 50% 杀螟松乳油 100~200 倍液、40% 乐果乳油 200~400 倍液或 50% 辛硫磷乳油 100~200 倍液喷干，喷液量以树干流药液为止。

防治大幼虫：幼虫长大蛀入木质部深处时，用注射器向蛀道内注射氨水；向蛀孔内投放 56% 磷化铝片（1/6 或 1/3 片）；用磷化锌与草酸为主要成分制成的毒签插入蛀道内熏杀；施用这些方法的蛀孔用黏泥封塞为好。在成虫盛发期捕捉成虫。

保护和利用天敌：如花绒寄甲、斑翅细角花蝽、肿腿蜂、天牛双革螨和啄木鸟等。

中文名	桑天牛	
拉丁名	*Apriona germari*	
分类地位	天牛科沟胫天牛亚科桑天牛属	
寄　主	对桑、无花果、山核桃、毛白杨等危害最烈，其次为柳、刺槐、榆、构、朴、枫杨、苹果、海棠、沙果、梨、枇杷、樱桃、柑桔等	
危害部位	树干，咬食树叶或小树枝皮和木质部	

相关信息：

鉴定特征：

成虫：体长34~46毫米。体和鞘翅黑色，被黄褐色短毛，头顶隆起，中央有1条纵沟。上颚黑褐，强大锐利。触角比体稍长，顺次细小，柄节和梗节黑色，以后各节前半黑褐，后半灰白。前胸近方形，背面有横的皱纹，两侧中间各具1个刺状突起。鞘翅基部密生颗粒状小黑点。足黑色，密生灰白短毛。雌虫腹末2节下弯。

发生规律：

1年1代、2年1代、2~3年1代。南北各地的成虫发生期存在迟早差异。初孵幼虫先向上蛀食10毫米左右，即调回头沿枝干木质部的一边往下蛀食，逐渐深入心材，如植株较矮小、下蛀可达根际。幼虫在蛀道内，每隔一定距离向外咬一圆形排泄孔，粪便即由虫孔向外排出。排泄孔径随幼虫增长而扩大，孔间距离，则自上而下逐渐增长，其增长幅度依寄主植物而不同。排泄孔的排列位置，除个别遇有分枝或木质回避外，多在下部排泄孔处，只有在越冬期内，由于蛀道底部常有积水，始向上移，并可超过第三孔上方（由下往上数）。幼虫越冬时，在头上方常有木屑，如被害枝因风折断，蛀道断口处亦多塞有木屑。幼虫老熟后，即沿蛀道上移，超过1~3个排泄孔，先咬羽化孔的雏形，向外达树皮边缘，使树皮出现臃肿或断裂，常见树汁外流。此后，幼虫又回到蛀道内选择适当位置（一般距离蛀道底75~120毫米）做成蛹室，化蛹其中，蛹室长40~50毫米，宽20~25毫米，蛹室距羽化孔70~120毫米。羽化孔圆形，直径为11~16毫米，平均14毫米 。

防治方法：

（1）成虫：6月中下旬喷施攻牛或天牛微雷，整株喷雾，持效期45~60天，长效防治天牛成虫。

（2）幼虫：透翠杀虫套装或三一、三二套装兑水30斤喷树干，地面往上喷2米范围内，喷湿为准。

（3）根施用攻钻或蛀拜，长效防治幼虫和透翠杀虫套装一起使用，综合防治效果更佳。

（4）其他方式：树体钻孔后，用钻龙插入树体或者树体输液；虫孔注射金高猛50倍液，每孔蛀入10−15ml；卵期用透翠40ml+阿维灭幼脲100ml兑水30斤喷枝条和树干，有效杀死虫卵。

（5）预防：秋季树干涂白，加强日常养护管理，提高树势。

中文名	锈色粒肩星天牛	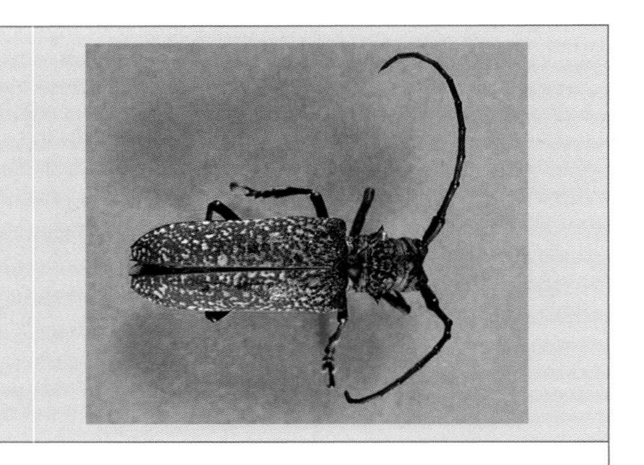
拉丁名	*Apriona swainsoni*	
分类地位	天牛科沟胫天牛亚科粒肩天牛属	
寄　主	槐树、柳、云实、紫铆、黄檀等	
危害部位	树干，咬食树叶或小树枝皮和木质部	

相关信息：

鉴定特征：

成虫：雄虫体长 28~33 mm，体宽 9~11 mm；雌虫体长 33~39 mm，体宽 11~13 mm。黑褐色，全体密被锈色短绒毛，头、胸及鞘翅基部颜色较深暗。头部额高胜于宽，中沟明显，直达后头后缘。雌虫触角较体稍短，雄虫触角较体稍长；触角基瘤突出，各节生有稀疏的细短毛，但端部的 4 节毛极少；第四节以后各节外端角稍突出；最末 1 节渐尖锐。前胸背板具有不规则的粗皱突起，前、后端横沟明显；两侧刺突发达，末端尖锐。鞘翅基 1/4 部分密布黑色光滑小颗粒，翅表散布许多不规则的白色细毛斑和排列不规则的细刻点。前足基节外侧具有不明显的白色毛斑；中胸侧板、腹板和腹部各节腹面（末节除外）两侧各有明显的白色细毛斑；翅端平切，缝角和缘角均具有小刺，缘角小刺短而较钝，缝角小。

发生规律：

2 年 1 代，以幼虫在枝干蛀道内越冬。4 月上旬开始蛀食危害；5 月上旬开始化蛹，中旬为化蛹盛期，下旬为化蛹末期。成虫出现期始于 6 月上旬，6 月中、下旬大量出现成虫。成虫寿命较长，达 65~80 天，因此，一直到 9 月中旬，在寄主树冠枝叶丛间仍可见到成虫。老熟幼虫化蛹时，头部朝上。蛹期 21 天。成虫羽化后，咬破堵塞羽化孔处的愈伤组织，在 21 天以后钻出羽化孔，爬至树冠，取食新梢嫩皮进行补充营养。此虫不善飞翔，受到震动极易落地。雌虫多在 21 时以后于径粗 7 厘米以上的枝干上产卵。产卵前，雌虫在树干下部爬行，寻找适宜树皮缝隙，先用口器将缝隙底部咬平，把臀部插入，排出草绿色糊状分泌物，做成“产卵槽”，然后将卵产于槽内，再用草绿色分泌物覆盖于卵上。卵期为 12~14 天。此虫一生可进行多次交尾，多次产卵。单雌产卵量为 43~133 粒。

防治方法：

（1）人工捕杀成虫：天牛成虫飞翔力不强，受震动易落地，可于每年 6 月中旬至 7 月下旬于夜间在树干上捕杀产卵雌虫。

（2）人工杀卵：每年 7 至 8 月天牛产卵期，在树干上查找卵块，用铁器击破卵块。

（3）化学防治成虫：于每年 6 月中旬至 7 月中旬成虫活动盛期，对国槐树冠喷洒 2000 倍液杀灭菊酯，每 15 天一次，连续喷洒两次，可收到较好效果。

（4）化学防治幼虫：每年 3 月至 10 月为天牛幼虫活动期，可向蛀孔内注射 80% 敌敌畏，40% 氧化乐果或 50% 辛硫磷 5 至 10 倍液，然后用药剂拌成的毒泥巴封口，可毒杀幼虫。

（5）用石灰 10 千克 + 硫磺 1 千克 + 盐 10 克 + 水 20 千克至 40 千克制成涂白剂，涂刷树干预防天牛产卵。

中文名	云斑天牛
拉丁名	*Batocera horsfieldi* Hope
分类地位	鞘翅目天牛科白条天牛属
寄　主	枇杷、苹果、梨、核桃和板栗等
危害部位	新枝皮和嫩叶、树干

相关信息：

鉴定特征：

体长34~61毫米，宽9~15毫米。体黑褐色或灰褐色，密被灰褐色和灰白色绒毛。雄虫触角超过体长1/3，雌虫触角略比体长，各节下方生有稀疏细刺，第一至第三节黑色具光泽，有刻点和瘤突，前胸背有1对白色臀形斑，侧刺突大而尖锐，小盾片近半圆形。每个鞘翅上有白色或浅黄色绒毛组成的云状白色斑纹，2~3纵行末端白斑长形。鞘翅基部有大小不等颗粒。

发生规律：

世代。每2~3年发生1代。越冬。以成虫或幼虫在蛀道中越冬。时期。越冬成虫于5~6月份咬羽化孔钻出树干，经10多天取食，开始交配产卵。6月中旬进入孵化盛期。8~9月老熟幼虫在肾状蛹室里化蛹。

防治方法：

人工捕杀成虫：成虫发生盛期，要经常检查，利用成虫有趋光性、不喜飞翔、行动慢、受惊后发出声音的特点，傍晚持灯诱杀，或早晨人工捕捉。

杀灭卵和初孵幼虫：成虫产卵期，检查成虫产卵刻槽或流黑水的地方，寻找卵粒，用刀挖或用锤子等物将卵砸死。于卵孵化盛期，在产卵刻槽处涂抹50%辛硫磷乳油5~10倍药液，以杀死初孵化出的幼虫。

消灭危害盛期幼虫：在幼虫蛀干危害期，发现树干上有粪屑排出时，用刀将皮剥开挖出幼虫；或从发现的虫孔注入50%敌敌畏乳油100倍液，而后用泥将洞口封闭，也可用药泥或浸药棉球堵塞、封严虫孔，毒杀干内害虫。用铁丝插入虫道内刺死幼虫，或用铁丝先将虫道内虫粪勾出，再用磷化铝毒签塞入云斑天牛侵入孔，用泥封死，对成虫、幼虫熏杀效果显著。

树干涂药：冬季或产卵前，用石灰5千克、硫磺0.5千克、食盐0.25千克、水20千克拌匀后，涂刷树干基部，以防成虫产卵，也可杀灭幼虫。

中文名	楝星天牛	
拉丁名	*Anoplophora horsfieldi* Hope	
分类地位	鞘翅目天牛科星天牛属	
寄　主	楝科植物	
危害部位	嫩树皮、嫩枝、叶、根、果实等	

相关信息：

鉴定特征：

体型大，较宽，黑色，有光泽，全身布大型黄色绒毛毛斑。头部黄色毛斑6个，头顶中央两个“八”字形排列，左右颊部各1个，触角基瘤下各有1个。前胸有两条平行的黄色纵斑，与头顶纵斑相连，两侧刺突与足基节之间各有斑点1个。鞘翅毛斑很大，排列成4横行，第1行位于肩部，近圆形，第2行位于中部前方，第3行位于中部后方、后缘有凹缺，第4行位于端部倒“八”字形，第3、4行中间有1～3个小斑点。后胸腹板及腹部两侧有大小不同斑点，腹面中、外侧及足基节周围黑色。触角黑色，第3节起各节1/3至1/2处被灰色细毛，足黑色，被灰色细毛。

防治方法：

（1）在春季或者秋冬季节，成虫羽化前，锯掉树木上的枯枝。

（2）在成虫发生时期，楝星天牛多栖息在1米以下的树干上，可进行人工捕杀。

（3）在幼虫危害期，可用蛀干类插瓶对树体进行注射。也可用50%杀螟松乳油喷施树干或注射排泄孔，并用泥封闭虫孔。

（4）在春秋两季对树干进行涂白处理，可以防止成虫产卵。

中文名	黑翅土白蚁	
拉丁名	*Odontotermes formosanus* Shiraki	
分类地位	昆虫纲等翅目白蚁科	
寄　主	樱花、梅花、桂花、桃花、广玉兰等	
危害部位	树皮及浅木质层，以及根部	

相关信息：

鉴定特征：

兵蚁体长6mm左右，乳白色；触角15~17节。上颚镰刀形，左上颚中点前方有一明显的齿，齿尖斜向前；右上颚内缘的对应部位有一不明显的微齿。前胸背板背面观元宝状，侧缘尖括号状，在角的前方各有一斜向后方的裂沟，前缘及后缘中央有凹刻。工蚁：体长4.61~4.90mm。头黄色，胸腹部灰白色。触角17节。囟门呈小圆形的凹陷。蚁后和蚁王体长70~80mm，体宽13~15mm。头胸部和有翅成虫相似，但色较深，体壁较硬。蚁王体略有收缩。卵乳白色，椭圆形。长径0.6~0.8mm，一边较平直，短径0.4mm。

发生规律：

黑翅土白蚁有翅成蚁一般叫做繁殖蚁。每年3月开始出现在巢内，4~6月在靠近蚁巢地面出现羽化孔，羽化孔突圆锥状，数量很多。在闷热天气或雨前傍晚7时左右，爬出羽化孔穴，群飞天空，停下后即脱翅求偶，成对钻入地下建筑新巢，成为新的蚁王、蚁后繁殖后代。繁殖蚁从幼蚁初具翅芽至羽化共七龄，同一巢内龄期极不整齐。兵蚁专门保卫蚁巢，工蚁担负筑巢、采食和抚育幼蚁等工作。蚁巢位于地下0.3~2.0米之处，新巢仅是一个小腔，3个月后出现菌圃——草裥菌体组织，状如面包。在新巢的成长过程中，不断发生结构和位置上的变化，蚁巢腔室由小到大，由少到多，个体数目达200万以上。黑翅土白蚁具有群栖性，无翅蚁有避光性，有翅蚁有趋光性。

防治方法：

在进一步研究检疫防治可行性的基础上，要逐步采取物理化学诱杀、生物防治、工程治理、化学药剂防治等综合措施进行防治。有条件的地方可寻巢挖巢灭蚁。

寻巢与挖巢灭蚁：可以通过分析地形特征、为害状、地表气候、蚁路、群飞孔、鸡枞菌等判断白蚁巢位。确定蚁巢位置后，追挖时，先从泥被线或分群孔顺着蚁道追挖，便可找到主道和主巢。

灯光和性诱剂诱杀：每年4~6月间，是有翅繁殖蚁的分群期，利用有翅繁殖蚁的趋光性，在蚁害地区可采用黑光灯或其他灯光诱杀。最佳踪迹信息素类似物（Z，Z）-3，6-十二碳二烯-1-醇（DDE-OH），可用于白蚁的诱杀。

中文名	银杏超小卷叶蛾
拉丁名	*Pammene ginkgoicola*
分类地位	卷蛾科新小卷蛾亚科超小卷蛾属
寄　主	银杏
危害部位	短枝和当年生嫩枝

相关信息：

鉴定特征：

成虫体长约5mm，翅展约12mm，体黑色，头部淡灰褐色，腹部黄褐色。下唇须向上伸展，灰褐色，第三节很短。前翅黑褐色，前缘自中部至顶角有7组较明显的白色沟状纹，后缘中部有一白色指状纹；翅基部有稍模糊的4组白色沟状纹。肛纹明显，黑色4条，缘毛暗黑色。后翅前缘色浅，外围褐色。雌性外生殖器的产卵瓣略呈菱形，两端较窄；囊突2枚，呈粗齿状。雄性外生殖器的抱器长形，中间具颈部。

幼虫老熟幼虫体长11~12mm，灰白或淡灰色；头部前胸背板及臀板均为黑褐色，有时色泽较浅呈黄褐色。各节背板有黑色毛斑2对，各节气门上线和下线具黑色毛斑1个，臀节有刺5~7根。

发生规律：

银杏超小卷叶蛾1年1代，在粗树皮内越冬。一般在翌年3月下旬至4月中下旬为成虫羽化期，4月中为羽化盛期，羽化期一般为14~15天，4月中旬至5月上旬为卵期；4月下旬至6月中旬则为幼虫危害期；5月下旬至7月后老熟幼虫转入树皮内呈滞育状态；11月中旬开始陆续化蛹。

防治方法：

（1）根据成虫羽化后9时前栖息树干的这一特性，于4月上旬至下旬每天9时前进行人工捕杀成虫。

（2）在初发生和危害较轻的地区，从4月开始，当被害枝上的叶及幼果出现枯萎时，人工剪除被害枝烧毁，消灭枝内幼虫。

（3）加强管理，增强树体抗性，以减轻该虫的危害程度。

（4）化学防治。成虫羽化盛期用50%杀螟松乳油250倍液和2.5%溴氰菊酯乳油500倍液按1∶1的比例混合用喷雾器喷洒树干，对刚羽化出的成虫杀死率达100%。在危害期应集中消灭初龄幼虫。用80%敌敌畏乳油800倍液或90%敌百虫与80%敌敌畏（1∶1）稀释800~1000倍液，或80%敌敌畏800倍液与40%氧化乐果混合液1000倍液喷洒受害枝条，效果均好。根据老熟幼虫转移到树皮内滞育的习性，于5月底6月初，用25%溴氰菊酯乳油2500倍液喷雾，或用25%溴氰菊酯乳油、10%氯氰菊酯乳油各1份，分别与柴油20份混合，刷于树干基部以及骨干枝上成4cm宽毒环，对老龄幼虫致死率达100%。

中文名	榆掌舟蛾
拉丁名	*Phalera takasagoensis*
分类地位	鳞翅目舟蛾科掌舟蛾属
寄　主	榆、栎、杨、樱花、梨、沙果、樱桃、麻栎和板栗等
危害部位	叶片

相关信息：

鉴定特征：

成虫：体长为20mm左右，翅展约60mm。体灰褐色，前翅顶角处有个浅黄色掌形大斑，后角处有黑色斑纹1个。

卵：圆形，粉红色，渐变黑褐色。

幼虫：老熟时体长为50mm左右。幼虫有两种色型，一种为黄白色型，体背有数条黄白色纵条，体被黄白色细长毛，背部纵贯青黑色条纹，体侧有青黑色短斜条纹，气门下侧呈红色，臀足退化，尾部常向上方翘起；另一种为褐色型，体背有数条红褐色纵条，其他特征相似。老熟幼虫体长为50mm左右，青黑色，体长有白黄色长毛束，气门下侧呈红色，两种幼虫习性近似，故易混淆。

蛹：深红褐色。

发生规律：

上海地区1年发生1代，以蛹在寄主植物周围的土中越冬。翌年7月成虫羽化，成虫有趋光性。卵产在叶片背面。初孵幼虫群集为害叶肉，造成白色透明网状叶。3龄后分散为害，昼伏夜出，严重时吃光叶片，仅剩叶柄。9月中旬幼虫入土化蛹越冬。

防治方法：

可人工震落幼虫捕杀；灯光诱杀成虫。幼虫发生期喷90%敌百虫晶体或80%敌敌畏乳油、50%马拉硫磷乳油1000~1500倍液，药杀幼虫。

中文名	弯胫粉甲	
拉丁名	*Promethis valgiges*	
分类地位	拟步甲科大轴甲属	
寄　主	榉树、榆树等	
危害部位	树干	

相关信息：

鉴定特征：

长卵形，中大型，黑色，触角、下唇和口须栗色，背面有弱光泽，腹部光泽较强。头背面扁平，眼部最宽；端部有稀疏的刻点、基部有粗大刻点；上唇梯形，布稠密刻点，前缘被毛；唇基前缘直截；前颊圆弯，后颊先是强烈地、后是平行地收缩。触角长达前胸中部，基节光亮，余节昏暗并被短毛，但雌性毛少；第3节最长，第3~5节圆柱形，第6、7节内侧略突出，第8、9节长略大于宽，末节粗大扁卵形。前胸背板近正方形，宽略大于长，饰边完全，以后缘和前缘中部为粗；后缘弯曲；前角钝圆，后角直角形；背中线宽凹，两侧强烈降落，布模糊浅圆刻点。小盾片三角形，有粗刻点。鞘翅中部纵向隆起，前缘突起，其后扁凹；刻点行9条，行间扁平；两侧基3/4近平行，饰边背面完全可见。前胸腹突端部宽圆；整个胸部布小刻点，后胸被疏毛。腹部有小刻点和纵皱纹。前足胫节内侧端部强弯（♂）或中度弯曲（♀）；中、后足胫节内侧中间具齿突（♂）或弱弯曲（♀）；所有胫节端部被金黄色短毛，跗节下侧具毛垫。体长：21.0~24.0mm；宽7.0~8.0mm。

发生规律：

弯胫大粉甲经室内饲养和野外观察，在2年发生1代，不同龄期的幼虫和成虫均可越冬。越冬的老熟幼虫多于第二年5月中旬开始在道内做蛹室化蛹，5月下旬开始羽化。羽化后成虫不交尾只取食危害，越冬后于第二年6月才开始交尾、产卵。卵期一般6−10天。幼虫期很长，约390天。蛹期一般11~18天。成虫期最长，约480天。

防治方法：

幼虫发生期喷90%敌百虫晶体或80%敌敌畏乳油、50%马拉硫磷乳油1000~1500倍液，药杀幼虫。

中文名	中华大扁锹
拉丁名	*Dorcus titanus platymelus*
分类地位	锹甲科扁锹属
寄　主	阔叶类植物，主要为果树
危害部位	树干

相关信息：

鉴定特征：

雄性体长大多在27~72mm之间，体色黑褐色，具光泽，体型稍扁，大型雄虫大颚发达，具齿状排列，小型则无。雌虫体型较小，翅鞘有光泽，头部具凹凸的刻点。

发生规律：

成虫出现于5~9月，常于流汁树上发现。白天躲藏在树洞等处，夜间活动，对风吹草动很敏感，有趋光性。成虫食液、食蜜，幼虫腐食，栖食于朽木。野外以吸食树液或熟透的果实为主，昼伏夜出，栖息的树种大多是在阔叶类植物，主要是一些果树上。幼虫生活在朽木中，以其为食。

防治方法：

人工捕杀，喷洒90%敌百虫晶体或80%敌敌畏乳油等配比溶液。

第三章

溧阳市古树保护复壮典型案例解析

◎ 银杏（009）

<table>
<tr><td>古树编号</td><td colspan="2">009</td><td colspan="2">县（市、区）</td><td>溧阳市</td></tr>
<tr><td rowspan="2">树 种</td><td colspan="5">中文名：银杏　拉丁名：Ginkgo biloba</td></tr>
<tr><td colspan="5">科：银杏科　属：银杏属</td></tr>
<tr><td rowspan="3">位置</td><td colspan="5">乡镇：天目湖镇　村（居委会）：吴村</td></tr>
<tr><td colspan="5">小地名：上田村28号东（水井边）</td></tr>
<tr><td colspan="3">纵坐标：E119°　22′　36.92″</td><td colspan="2">横坐标：N31°　13′　1.40″</td></tr>
<tr><td>树龄</td><td colspan="3">真实树龄：　　年</td><td colspan="2">估测树龄：300年</td></tr>
<tr><td>古树等级</td><td colspan="3">二级</td><td>树高：7米</td><td>胸径：100厘米</td></tr>
<tr><td>冠幅</td><td colspan="3">平均：8米</td><td>东西：9米</td><td>南北：7米</td></tr>
<tr><td>立地条件</td><td>海拔：43米</td><td>坡向：无</td><td>坡度：　度</td><td>坡位：平地</td><td>土壤名称：黄棕壤</td></tr>
<tr><td>生长势</td><td colspan="3">濒危株</td><td>生长环境</td><td>一般</td></tr>
<tr><td>影响生长环境问题</td><td colspan="5">古树周边为村镇建设用地，周围垃圾杂物堆积较多，周边全部为水泥硬化，土壤板结，透水、透气性较差，积水严重。</td></tr>
<tr><td>树木生长状况描述</td><td colspan="5">树干2米处分叉，根部有萌蘖，主干腐朽严重，约有2/3已经枯死，存在严重的倒伏隐患，树上有其他植物寄生，根系在树干中生长，造成树皮空鼓。</td></tr>
<tr><td>保护复壮措施</td><td colspan="5">1. 环境清理：清除周边垃圾杂物和寄生植物。
2. 排水系统改造：对古树周围的居民排水沟进行改造，避免居民生活用水和雨水直接灌注到古树根系周围。
3. 清腐防腐：对古树整体枯死枝及断落枝干进行清理，并对伤口用多菌灵、甲基托布津等按使用浓度推荐剂量的5~10倍进行防病防腐处理；使用刮铲、油锯、磨光机等工具，彻底清理古树整体腐烂组织后，使用2%~5%硫酸铜溶液+0.1%升汞溶液+石硫合剂溶液等消毒剂、杀菌剂，对树体特别是刮除病死组织部分进行喷涂消毒杀菌2~3次，间隔2~3天一次。待腐朽组织清理到位，消毒灭菌并通风干燥后，对树体保留木质部及枯死枝干，采用熟桐油刷涂方式进行防腐处理。操作要求刷涂2~3遍，打磨2~3遍，尽可能使桐油浸透木质部，以减少后期雨水侵蚀。
4. 树洞处理：对主干腐朽树洞进行清理、防腐处理，以开放式处理为主。
5. 土壤改良：对古树周围的土壤进行深翻，深度40~50厘米，清除土壤中的砖石瓦砾，增添营养土，提高土壤透水、透气性，增施有机肥，提高土壤肥力，解决土壤板结问题。
6. 透气管设置：在根基设置透气管3根，促进根系土壤透气性；通过透气管增施有机肥和根系促生长剂，提高根系活力。</td></tr>
</table>

·古树生长主要问题·

古树生长环境杂乱、积水、土壤板结

树皮空鼓、腐烂

古树根部有萌蘖，树上有其他植物寄生

主干腐朽严重

· 古树保护复壮措施 ·

环境改善、排水系统改造

清除寄生植物

清除枯枝

打磨腐烂组织

消毒防腐处理

·古树保护复壮效果·

保护复壮整体效果

枯枝处理效果

树干处理效果

◎ 侧柏（32048100020）

<table>
<tr><td>古树编号</td><td colspan="2">32048100020</td><td colspan="2">县（市、区）</td><td colspan="2">溧阳市</td></tr>
<tr><td rowspan="2">树 种</td><td colspan="6">中文名：侧柏　拉丁名：Platycladus orientalis (L.) Franco</td></tr>
<tr><td colspan="6">科：柏科　属：侧柏属</td></tr>
<tr><td rowspan="3">位置</td><td colspan="6">乡镇：天目湖镇　村（居委会）：吴村</td></tr>
<tr><td colspan="6">小地名：中田村 3 号屋后</td></tr>
<tr><td colspan="3">纵坐标：E119°　23′　16.76″</td><td colspan="3">横坐标：N31°　13′　11.52″</td></tr>
<tr><td>树龄</td><td colspan="3">真实树龄：　　　年</td><td colspan="3">估测树龄：　300 年</td></tr>
<tr><td>古树等级</td><td colspan="2">二级</td><td colspan="2">树高：18 米</td><td colspan="2">胸径：62 厘米</td></tr>
<tr><td>冠幅</td><td colspan="2">平均：9 米</td><td colspan="2">东西：7 米</td><td colspan="2">南北：11 米</td></tr>
<tr><td>立地条件</td><td>海拔：27 米</td><td>坡向：无</td><td>坡度：　度</td><td>坡位：平地</td><td colspan="2">土壤名称：黄棕壤</td></tr>
<tr><td>生长势</td><td colspan="2">正常株</td><td colspan="2">生长环境</td><td colspan="2">良好</td></tr>
<tr><td>影响生长环境问题</td><td colspan="6">古树周边为村镇建设用地，根基周围建筑垃圾、砖头瓦块较多，土壤板结，透气性和养分含量较差；北侧有主排水沟，且为开放式泥沟，长时间对根系生长有一定影响。</td></tr>
<tr><td>树木生长状况描述</td><td colspan="6">树干 8 米处分叉，树干通直圆满，有少量风折枝。</td></tr>
<tr><td>保护复壮措施</td><td colspan="6">1. 环境清理：对古树根基周围的建筑垃圾、砖石瓦砾及堆放的秸秆等杂物进行清理。
2. 排水系统改造：对树池北侧的排水沟进行疏通，同时在树池基部开孔，便于内部排水。
3. 清腐防腐：对古树枯死枝干进行清理，并对伤口用多菌灵、甲基托布津等按使用浓度推荐剂量的 5~10 倍进行防病防腐处理；使用刮铲、油锯、磨光机等工具，彻底清理古树整体腐烂组织后，使用 2%~5% 硫酸铜溶液 +0.1% 升汞溶液 + 石硫合剂溶液等消毒剂、杀菌剂，对树体特别是刮除病死组织部分进行喷涂消毒杀菌 2~3 次，间隔 2~3 天一次。待腐朽组织清理到位，消毒灭菌并通风干燥后，对树体保留木质部及枯死枝干，采用熟桐油刷涂方式进行防腐处理。操作要求刷涂 2~3 遍，打磨 2~3 遍，尽可能使桐油浸透木质部，以减少后期雨水侵蚀。
4. 土壤改良：对古树周围的土壤进行深翻，清除土壤中的砖石瓦砾，增添营养土，提高土壤透水、透气性，增施有机肥，提高土壤肥力，解决土壤板结问题。
5. 透气管设置：在树池内部设置透气管 3 根，促进根系土壤透气性；通过透气管增施有机肥和根系促生长剂，提高根系活力。</td></tr>
</table>

·古树生长主要问题·

古树生长环境杂乱

风折枝

·古树保护复壮措施·

清除杂物

排水系统改造

土壤改良

清理枯死枝

透气管设置

·古树保护复壮效果·

◎ 侧柏（32048100021）

<table>
<tr><td>古树编号</td><td>32048100021</td><td colspan="2">县（市、区）</td><td colspan="2">溧阳市</td></tr>
<tr><td rowspan="2">树 种</td><td colspan="5">中文名：侧柏　拉丁名：Platycladus orientalis (L.) Franco</td></tr>
<tr><td colspan="5">科：柏科　属：侧柏属</td></tr>
<tr><td rowspan="3">位置</td><td colspan="5">乡镇：天目湖镇　村（居委会）：吴村</td></tr>
<tr><td colspan="5">小地名：中田村 3 号屋后竹林中</td></tr>
<tr><td colspan="2">纵坐标：E119°　23′　19.66″</td><td colspan="3">横坐标：N31°　13′　12.64″</td></tr>
<tr><td>树龄</td><td colspan="2">真实树龄：　　年</td><td colspan="3">估测树龄：　300 年</td></tr>
<tr><td>古树等级</td><td>二级</td><td colspan="2">树高：14 米</td><td colspan="2">胸径：50 厘米</td></tr>
<tr><td>冠幅</td><td>平均：6 米</td><td colspan="2">东西：6 米</td><td colspan="2">南北：6 米</td></tr>
<tr><td>立地条件</td><td>海拔：28 米　坡向：无</td><td>坡度：　度</td><td>坡位：平地</td><td colspan="2">土壤名称：黄棕壤</td></tr>
<tr><td>生长势</td><td>衰弱株</td><td colspan="2">生长环境</td><td colspan="2">良好</td></tr>
<tr><td>影响生长环境问题</td><td colspan="5">古树周边为林地，土壤的透水、透气性较好，但古树周边杂灌、树体攀援植物、毛竹众多，毛竹较高，遮挡树体底层枝干，造成底层枝干死亡，严重影响古树生长；建有一树池，会造成根部积水。</td></tr>
<tr><td>树木生长状况描述</td><td colspan="5">树干 9 米处分叉，树干两侧有树皮缺损，缺损最宽有 30 厘米，树干东侧木质部部分裸露，树体枯死腐烂，且向一侧倾斜，有倒伏风险。</td></tr>
<tr><td>保护复壮措施</td><td colspan="5">1. 环境清理：对古树周围 10 米内的毛竹、杂灌及寄生植物进行清理，促进通风透光，同时能减少土壤肥力的消耗。
2. 排水系统改造：在树池上设排水口，便于积水排出。
3. 清腐防腐：对古树枯死枝及树干整体进行清理，并对伤口用多菌灵、甲基托布津等按使用浓度推荐剂量的 5~10 倍进行防病防腐处理；使用刮铲、油锯、磨光机等工具，彻底清理古树整体腐烂组织后，使用 2%~5% 硫酸铜溶液 +0.1% 升汞溶液 + 石硫合剂溶液等消毒剂、杀菌剂，对树体特别是刮除病死组织部分进行喷涂消毒杀菌 2~3 次，间隔 2~3 天一次。待腐朽组织清理到位，消毒灭菌并通风干燥后，对树体保留木质部及枯死枝干，采用熟桐油刷涂方式进行防腐处理。操作要求刷涂 2~3 遍，打磨 2~3 遍，尽可能使桐油浸透木质部，以减少后期雨水侵蚀。
4. 支撑：为防止古树发生倒伏，根据古树倾斜趋势以及周围的地势环境现场设计支架，支架为“A”字形，在支架与树体接触点使用橡胶软垫，防止树干摩擦受损，选用合适的支撑杆且支撑杆立地点需加固处理，基座采用角钢 + 水泥层 + 螺纹钢结构，固定支架，防止支架下沉，失去支撑力。
5. 挖复壮沟：在古树周围挖隔离复壮沟，深约 60 厘米，宽约 40 厘米，主要作用为：①隔离周围毛竹根系，对毛竹生长起到抑制作用，减少周围土壤的养分消耗；②便于大雨时古树周围积水排出，起到排水作用。
6. 土壤改良：对树池内部以及古树周围的土壤进行深翻，深度 40~50 厘米，清除土壤中的砖石瓦砾，提高土壤透水、透气性，增施有机肥，提高土壤肥力，改善根系生长空间。
7. 透气管设置：在树池周围设置透气管 4 根，管壁有孔，管口带帽，促进根系土壤透气性；通过透气管增施有机肥和根系促生长剂，提高根系活力。</td></tr>
</table>

·古树生长主要问题·

古树周边杂灌、树体攀缘植物、毛竹众多，毛竹较高

枯枝

树皮缺损，木质部裸露

树干倾斜

·古树保护复壮措施·

清理毛竹、杂灌及寄生植物；土壤改良

树池开排水口

清理枯死枝

树体防腐处理

支架设置

“A”字形支架

挖隔离复壮沟

设置透气管

通过透气管向内部施肥

· 古树保护复壮效果 ·

◎ 白玉兰（32048100023）

<table>
<tr><td>古树编号</td><td>32048100023</td><td colspan="2">县（市、区）</td><td>溧阳市</td></tr>
<tr><td rowspan="2">树 种</td><td colspan="4">中文名：白玉兰　拉丁名：Magnolia denudata desr</td></tr>
<tr><td colspan="4">科：木兰科　属：木兰属</td></tr>
<tr><td rowspan="3">位置</td><td colspan="4">乡镇：龙潭林场　村（居委会）：</td></tr>
<tr><td colspan="4">小地名：崔芥工区职工住房前（原千华寺）</td></tr>
<tr><td colspan="2">纵坐标：E119°　27′　52.42″</td><td colspan="2">横坐标：N31°　16′　14.52″</td></tr>
<tr><td>树龄</td><td colspan="2">真实树龄：　　　年</td><td colspan="2">估测树龄：　350 年</td></tr>
<tr><td>古树等级</td><td>二级</td><td>树高：11.7 米</td><td colspan="2">胸径：48 厘米</td></tr>
<tr><td>冠幅</td><td>平均：9 米</td><td>东西：10 米</td><td colspan="2">南北：8 米</td></tr>
<tr><td>立地条件</td><td>海拔：89 米　坡向：无</td><td>坡度：　度</td><td>坡位：平地</td><td>土壤名称：黄棕壤</td></tr>
<tr><td>生长势</td><td>正常株</td><td>生长环境</td><td colspan="2">良好</td></tr>
<tr><td>影响生长环境问题</td><td colspan="4">古树周边为村镇建设用地，古树地处山脚下，地表径流汇集，地下水位高，土壤湿度大，根系积水时常发生，根基周围土壤板结，透气性较差，砖石瓦砾多，土壤瘠薄。</td></tr>
<tr><td>树木生长状况描述</td><td colspan="4">树干 3.5 米处分叉，有明显主干，树干光洁无腐烂孔，树冠匀称，侧枝主梢明显。古树周围毛竹环绕，环境湿度较大，导致树体青苔较多。</td></tr>
<tr><td>保护复壮措施</td><td colspan="4">1. 环境清理：清除古树周围的杂竹。
2. 排水系统改造：对古树靠山侧排水系统进行改造，沿山脚线开挖排水沟，将地表径流导入附近低水位池塘。同时，对古树周边整体排水系统进行改造，尽可能减少雨水汇集，避免根系积水。
3. 刮除青苔：对树体上的青苔进行刮除清理，青苔长期覆盖为其他病原菌或者害虫提供了繁衍的场所，增加了树体的发病率，同时也影响树体对养分的吸收，长期会导致树体生长不良，树势衰退；待树体青苔刮除干净后，对枝干适量喷洒二氯异氰尿酸钠，做进一步防治。
4. 修枝整形：对古树进行修枝整形，增强树冠通透性，枯死枝及断落枝干全部清理，使树体形态更加美观，并对枝干截口进行消毒杀菌及保护防腐处理。
5. 土壤改良：对古树周围的土壤进行深翻，清除根基土壤中的砖石瓦砾，深度 40~50 厘米，增施有机肥，提高土壤肥力，解决土壤板结问题。</td></tr>
</table>

·古树生长主要问题·

古树周围有杂竹

古树根基土壤中有砖石瓦砾

树体上的青苔

古树靠山侧水沟

·古树保护复壮措施·

刮除青苔

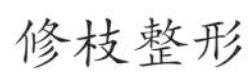

修枝整形

排水系统改造

·古树保护复壮效果·

◎ 石楠（32048100024）

<table>
<tr><td>古树编号</td><td>32048100024</td><td colspan="2">县（市、区）</td><td>溧阳市</td></tr>
<tr><td rowspan="2">树 种</td><td colspan="4">中文名：石楠　拉丁名：Photinia serrulata Lindl</td></tr>
<tr><td colspan="4">科：蔷薇科　属：石楠属</td></tr>
<tr><td rowspan="3">位置</td><td colspan="4">乡镇：昆仑街道　村（居委会）：陶家村</td></tr>
<tr><td colspan="4">小地名：大石山农庄大门牌楼西侧 30 米处工人房东侧</td></tr>
<tr><td colspan="2">纵坐标：E119°　25′　2.03″</td><td colspan="2">横坐标：N31°　24′　53.27″</td></tr>
<tr><td>树龄</td><td colspan="2">真实树龄：　　　年</td><td colspan="2">估测树龄：100 年</td></tr>
<tr><td>古树等级</td><td>三级</td><td colspan="2">树高：8.5 米</td><td>胸径：</td></tr>
<tr><td>冠幅</td><td>平均：10 米</td><td colspan="2">东西：10 米</td><td>南北：10 米</td></tr>
<tr><td>立地条件</td><td>海拔：22 米　坡向：无</td><td>坡度：　度</td><td>坡位：平地</td><td>土壤名称：黄棕壤</td></tr>
<tr><td>生长势</td><td>正常株</td><td colspan="2">生长环境</td><td>良好</td></tr>
<tr><td>影响生长环境问题</td><td colspan="4">古树周边为乡村道路与农地，土壤的透水、透气性较好。古树周围垃圾杂物较多，工人房内生活污水流到根盘处不能及时排出，对古树生长影响较大；古树四周杂树、杂藤较多，且高度大多超过古树，严重影响古树光照和生长空间。</td></tr>
<tr><td>树木生长状况描述</td><td colspan="4">树干 50 厘米处多分叉，小枝较多，形如巨伞，树干无蛀孔，长势较好。古树有少量枯枝、树洞。</td></tr>
<tr><td>保护复壮措施</td><td colspan="4">1. 环境清理：清除古树周边的生活垃圾等杂物。
2. 排水系统改造：对古树周围排水系统进行改造，重新挖排水沟，对居民生活污水和雨水进行导流，避免在古树根系周围汇集，排水沟采用 U 型渠排水沟。
3. 清腐防腐：对古树进行疏枝，主要清理枯死枝、萌蘖枝、交叉枝，对树体基部及树体上的小型树洞内部腐烂组织进行清理，使用消毒剂、杀菌剂对清理后的截口及树洞内部进行消毒杀菌，待干燥后，对截口及树洞内部进行防腐处理，待防腐处理干燥后，使用发泡胶对小型树洞进行封堵，防止雨水侵入。
4. 杂树清理：对古树周围影响光照的林木、杂藤、杂灌进行清理，清理过程中注意施工安全，避免对古树造成人为损伤。
5. 土壤改良：对古树周围的土壤进行深翻，深度 40~50 厘米，清除土壤中的砖石瓦砾，增添营养土，提高土壤透水、透气性，增施有机肥，提高土壤肥力，解决土壤板结问题。</td></tr>
</table>

· 古树生长主要问题 ·

古树生长环境杂乱、建筑垃圾多

古树周边生活污水堆积

古树四周杂树较多

古树四周杂藤较多

古树基部有腐烂

古树枯死枝、萌蘖枝、交叉枝，小型树洞较多

·古树保护复壮措施·

环境清理

排水系统改造

清理古树枯死枝、萌蘖枝、交叉枝

小型树洞、伤口处理

杂树清理

土壤改良

·古树保护复壮效果·

◎ 板栗（32048100030）

<table>
<tr><td>古树编号</td><td colspan="2">32048100030</td><td colspan="3">县（市、区）</td><td colspan="2">溧阳市</td></tr>
<tr><td rowspan="2">树 种</td><td colspan="7">中文名：板栗　拉丁名：Castanea mollissima Blume</td></tr>
<tr><td colspan="7">科：壳斗科　属：栗属</td></tr>
<tr><td rowspan="3">位置</td><td colspan="7">乡镇：天目湖镇　村（居委会）：梅岭村</td></tr>
<tr><td colspan="7">小地名：梅岭村 69 号前</td></tr>
<tr><td colspan="4">纵坐标：E119°　24′　24.50″</td><td colspan="3">横坐标：N31°　11′　7.73″</td></tr>
<tr><td>树龄</td><td colspan="4">真实树龄：　　　年</td><td colspan="3">估测树龄：　150 年</td></tr>
<tr><td>古树等级</td><td colspan="3">三级</td><td colspan="2">树高 8.5 米</td><td colspan="2">胸径：50 厘米</td></tr>
<tr><td>冠幅</td><td colspan="3">平均：9 米</td><td colspan="2">东西：7 米</td><td colspan="2">南北：10 米</td></tr>
<tr><td>立地条件</td><td>海拔：90 米</td><td>坡向：无</td><td colspan="2">坡度：　度</td><td>坡位：平地</td><td colspan="2">土壤名称：黄棕壤</td></tr>
<tr><td>生长势</td><td colspan="3">衰弱株</td><td colspan="2">生长环境</td><td colspan="2">良好</td></tr>
<tr><td>影响生长环境问题</td><td colspan="7">古树周边为村镇建设用地，根基周围一侧为水泥硬化路面，一侧为上山小道，土壤硬化、土质差；土壤的透水、透气性较差，树侧为水沟，导致树根裸露；周围垃圾杂物较多。</td></tr>
<tr><td>树木生长状况描述</td><td colspan="7">古树树干 3 米处截断，树体严重倾斜，主干中空、腐烂严重，侧枝仅有少量萌条，整体生长势濒死。</td></tr>
<tr><td>保护复壮措施</td><td colspan="7">1. 环境清理：清除古树周边的杂物。
2. 支撑：为防止古树继续倾倒，在古树基部上方约 1 米处做支架，支架采用直径约为 10 厘米镀锌钢管结构，整体呈“n”字形，对古树起到有效支撑，在支架与古树接触点垫橡胶垫，防止树干磨损，之后对支架进行刷漆，提高耐久度和美观度。
3. 清腐防腐：对古树上的枯死枝干及主干内部腐烂组织进行细致清理，待彻底清除干净后，对整体进行消毒杀菌处理，并喷杀虫剂预防虫害，待干燥后，使用熟桐油进行防腐处理（刷涂 1 遍，打磨 1 遍），防腐处理重复 3 次，尽可能使熟桐油浸透木质部，防止雨水侵蚀。对中空主干做开放式处理，并在底部做排水处理。
4. 土壤改良：对古树周围的土壤进行深翻，清除土壤中的砖石瓦砾，增添营养土，提高土壤透水、透气性，增施有机肥，提高土壤肥力，解决土壤板结问题。</td></tr>
</table>

·古树生长主要问题·

古树周围垃圾杂物较多

树体严重倾斜，仅有少量萌条

古树一侧为水泥硬化路面，一侧为上山小道

主干中空、腐烂严重

·古树保护复壮措施·

清除古树周边的杂物

设置支撑

土壤改良

枯死腐烂组织清理

·古树保护复壮效果·

◎ 青冈栎（32048100031）

<table>
<tr><td>古树编号</td><td>32048100031</td><td colspan="2">县（市、区）</td><td colspan="2">溧阳市</td></tr>
<tr><td rowspan="2">树种</td><td colspan="5">中文名：青冈栎　拉丁名：Cyclobalanopsis glauca(Thunb.) Oerst.</td></tr>
<tr><td colspan="5">科：壳斗科　属：青冈属</td></tr>
<tr><td rowspan="3">位置</td><td colspan="5">乡镇：天目湖镇　村（居委会）：梅岭村</td></tr>
<tr><td colspan="5">小地名：梅岭村后半山腰</td></tr>
<tr><td colspan="2">纵坐标：E119°　24′　26.37″</td><td colspan="3">横坐标：N31°　11′　6.45″</td></tr>
<tr><td>树龄</td><td colspan="2">真实树龄：　　　年</td><td colspan="3">估测树龄：　350 年</td></tr>
<tr><td>古树等级</td><td colspan="2">二级</td><td>树高 12.1 米</td><td colspan="2">胸径：80　厘米</td></tr>
<tr><td>冠幅</td><td colspan="2">平均：14 米</td><td>东西：13 米</td><td colspan="2">南北：14 米</td></tr>
<tr><td>立地条件</td><td>海拔：91 米</td><td>坡向：</td><td>坡度：　度</td><td>坡位：</td><td>土壤名称：黄棕壤</td></tr>
<tr><td>生长势</td><td colspan="2">衰弱株</td><td>生长环境</td><td colspan="2">良好</td></tr>
<tr><td>影响生长环境问题</td><td colspan="5">古树周边为自然林地，土壤的透水、透气性较好。古树地处半山腰，海拔相对较高，存在雷击隐患；古树根基周围杂灌、杂竹较多，严重影响古树根系生长和养分吸收。古树空洞内部有一株黄连木。</td></tr>
<tr><td>树木生长状况描述</td><td colspan="5">古树树干 6 米处曾遭雷劈，劈去一半树身，主干木质部 2/3 消亡，呈纵向开放性空洞。主干木质部腐烂，枝干部分也有枯死腐烂组织，急需进行处理；树体偏冠严重，整体已产生倾斜。</td></tr>
<tr><td>保护复壮措施</td><td colspan="5">1. 环境清理：对古树周围的杂灌、杂竹及内部的一株黄连木进行清理，减少对古树生长的影响。
2. 清腐防腐：对古树整体做清防腐处理，特别是对主干及枝干腐朽空洞进行防腐处理，以开放式处理为主，并在空洞底部做排水处理，避免空洞基部积水。同时清除病死枝、腐烂组织以及树体内部寄生的一株黄连木，在彻底清理腐烂组织后，使用消毒剂、杀菌剂，对树体特别是刮除病死组织部分进行消毒杀菌处理，待干燥后，使用磨光机对木质部进行细致打磨，之后使用熟桐油刷涂的方式进行防腐处理，待熟桐油干燥后，再次进行打磨、刷涂熟桐油（此步骤重复 3 遍），使熟桐油尽可能浸透木质部，提高防腐效果。
3. 支撑加固：对主干进行支撑加固，防止树体倒伏。工程采取“門”字形支架进行整体钢架支撑。钢架主体由 10~15cm 镀锌钢管构成，综合考虑古树树冠重心、树体倾斜角度和主枝走向等问题现场焊接制作。支架主体基座用 4 根 2 厘米螺纹钢钎打入土层 1.2~1.5 米，上部与主支架焊接并加水泥包裹，以避免后期焊接点锈蚀。支架上层则依据枝干走向进行分支加固。最终目的是尽可能对整个树体进行有效支撑，同时还要避免树冠可能的旋转扭曲。支架所有焊接点做打磨、防锈处理后，再对整体支架喷涂原木色防锈漆。同时，所有着力点用 1 厘米厚橡胶垫进行保护。
4. 土壤改良：结合杂灌杂竹清理，对古树周围的土壤进行深翻，清除土壤中的砖石瓦砾，增施有机肥，提高土壤肥力，解决土壤板结问题。
5. 透气管设置：在根基设置透气管 3 根，促进根系土壤透气性；通过透气管增施有机肥和根系促生长剂，提高根系活力。
6. 防雷处理：为防止古树再次受到雷击，在距古树 10 米处设置避雷针一套，降低雷击隐患，防止雷电流进入树木，对树木产生破坏。</td></tr>
</table>

·古树生长主要问题·

领导、专家对古树进行现场察看

古树周围的杂灌、杂竹丛生

基部树洞内部长有一株黄连木

树体倾斜

古树受雷击，主干受损

主干及枝干腐朽空洞

·古树保护复壮措施·

杂灌、杂竹清理

清腐处理

清腐处理

防腐处理

支撑加固

土壤改良

设置透气管

微型气象站

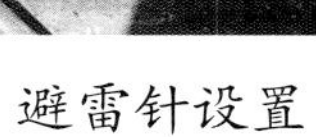

避雷针设置

·古树保护复壮效果·

◎ 青冈栎（32048100032、32048100033）

<table>
<tr><td>古树编号</td><td colspan="2">32048100032</td><td colspan="2">县（市、区）</td><td>溧阳市</td></tr>
<tr><td rowspan="2">树 种</td><td colspan="5">中文名：青冈栎　拉丁名：Cyclobalanopsis glauca(Thunb.) Oerst.</td></tr>
<tr><td colspan="5">科：壳斗科　属：青冈属</td></tr>
<tr><td rowspan="3">位置</td><td colspan="5">乡镇：龙潭林场</td></tr>
<tr><td colspan="5">小地名：深溪芥古松园内上侧</td></tr>
<tr><td colspan="3">纵坐标：E119°　30′　19.68″</td><td colspan="2">横坐标：N31°　10′　47.42″</td></tr>
<tr><td>树龄</td><td colspan="3">真实树龄：　　年</td><td colspan="2">估测树龄：100 年</td></tr>
<tr><td>古树等级</td><td colspan="2">三级</td><td colspan="2">树高：10 米</td><td>胸径：44 厘米</td></tr>
<tr><td>冠幅</td><td colspan="2">平均：7.5 米</td><td colspan="2">东西：8 米</td><td>南北：7 米</td></tr>
<tr><td>立地条件</td><td>海拔：158 米</td><td>坡向：北</td><td>坡度：22 度</td><td>坡位：中</td><td>土壤名称：黄棕壤</td></tr>
<tr><td>生长势</td><td colspan="2">正常株</td><td colspan="2">生长环境</td><td>良好</td></tr>
<tr><td>影响生长环境问题</td><td colspan="5">古树周边为自然林地，古树生长在毛竹林内，光照受较大影响。</td></tr>
<tr><td>树木生长状况描述</td><td colspan="5">古树有明显主干，树干光洁，树基部向上 20 厘米处有一腐烂孔，树干 4 米处有一直径 20 厘米腐烂孔，树干顶部主梢枯死。主干纵向中空，内部腐烂严重；枯死枝干较多。</td></tr>
<tr><td>保护复壮措施</td><td colspan="5">1. 环境清理、土壤改良：对古树周围毛竹进行清理，增加古树获取光照的机会，减少光照对古树生长的影响。同时对古树周围的土壤进行深翻，清理根基土壤中的砖石瓦砾以及毛竹根系，增施有机肥，提高土壤肥力。
2. 树洞处理：对主干及枝干腐朽空洞进行清理、防腐处理，以开放式处理为主，并在空洞底部做排水处理，避免空洞基部积水。
3. 清腐防腐：对古树枯死枝及断落枝干进行清理，并对伤口进行防病防腐处理。</td></tr>
</table>

<table>
<tr><td>古树编号</td><td colspan="2">32048100033</td><td colspan="2">县（市、区）</td><td>溧阳市</td></tr>
<tr><td rowspan="2">树 种</td><td colspan="5">中文名：青冈栎　拉丁名：Cyclobalanopsis glauca(Thunb.) Oerst.</td></tr>
<tr><td colspan="5">科：壳斗科　属：青冈属</td></tr>
<tr><td rowspan="3">位置</td><td colspan="5">乡镇：龙潭林场</td></tr>
<tr><td colspan="5">小地名：深溪岕古松园内下侧</td></tr>
<tr><td colspan="3">纵坐标：E119°　30′　18.26″</td><td colspan="2">横坐标：N31°　10′　48.81″</td></tr>
<tr><td>树龄</td><td colspan="3">真实树龄：　　　年</td><td colspan="2">估测树龄：100 年</td></tr>
<tr><td>古树等级</td><td colspan="2">三级</td><td colspan="2">树高：12 米</td><td>胸径：47 厘米</td></tr>
<tr><td>冠幅</td><td colspan="2">平均：8.5 米</td><td colspan="2">东西：9 米</td><td>南北：8 米</td></tr>
<tr><td>立地条件</td><td>海拔：156 米</td><td>坡向：北</td><td>坡度：21 度</td><td>坡位：中</td><td>土壤名称：黄棕壤</td></tr>
<tr><td>生长势</td><td colspan="2">正常株</td><td colspan="2">生长环境</td><td>良好</td></tr>
<tr><td>影响生长环境问题</td><td colspan="5">古树周边为自然林地，古树生长在毛竹林内，光照受较大影响。</td></tr>
<tr><td>树木生长状况描述</td><td colspan="5">古树有明显主干，树干光洁，树基部向上 50 厘米处有一 10 厘米 ×20 厘米腐烂孔，枯死枝干较多。</td></tr>
<tr><td>保护复壮措施</td><td colspan="5">1. 环境清理、土壤改良：对古树周围毛竹进行清理，增加古树获取光照的机会，减少光照对古树生长的影响。同时对古树周围的土壤进行深翻，增施有机肥，提高土壤肥力。
2. 树洞处理：对主干上小型腐烂孔进行清理、防腐处理，需要时进行密封处理，另外，对主干纵向空洞进行清理、防腐处理，以开放式处理为主，并在空洞底部做排水处理，避免空洞基部积水。
3. 清腐防腐：对古树枯死枝及断落枝干进行清理，并对伤口进行防病防腐处理。</td></tr>
</table>

·古树生长主要问题·

古树生长在毛竹林内，光照受较大影响

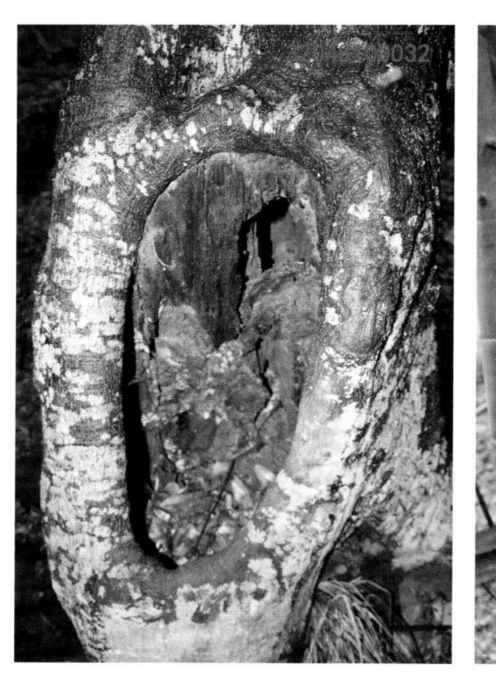

树基部向上有腐烂孔

古树枯死枝多

·古树保护复壮措施·

对古树周围毛竹进行清理

清理枯死枝

树洞处理

·古树保护复壮效果·

◎ 麻栎（32048100034）

<table>
<tr><td>古树编号</td><td colspan="2">32048100034</td><td colspan="3">县（市、区）</td><td colspan="2">溧阳市</td></tr>
<tr><td rowspan="2">树 种</td><td colspan="7">中文名：麻栎　拉丁名：Quercus acutissima Carruth.</td></tr>
<tr><td colspan="7">科：壳斗科　属：栎属</td></tr>
<tr><td rowspan="3">位置</td><td colspan="7">乡镇：别桥镇　村（居委会）：西马村</td></tr>
<tr><td colspan="7">小地名：下梅村村口路边（原粮站西侧路边）</td></tr>
<tr><td colspan="4">纵坐标：E119°　22′　7.52″</td><td colspan="3">横坐标：N31°　32′　26.48″</td></tr>
<tr><td>树龄</td><td colspan="4">真实树龄：　　年</td><td colspan="3">估测树龄：100 年</td></tr>
<tr><td>古树等级</td><td colspan="3">三级</td><td colspan="2">树高：14.9 米</td><td colspan="2">胸径：61 厘米</td></tr>
<tr><td>冠幅</td><td colspan="3">平均：15 米</td><td colspan="2">东西：15 米</td><td colspan="2">南北：15 米</td></tr>
<tr><td>立地条件</td><td>海拔：6 米</td><td>坡向：无</td><td>坡度：　度</td><td colspan="2">坡位：平地</td><td colspan="2">土壤名称：水稻土</td></tr>
<tr><td>生长势</td><td colspan="3">正常株</td><td colspan="2">生长环境</td><td colspan="2">差</td></tr>
<tr><td>影响生长环境问题</td><td colspan="7">古树周边为村镇建设用地，基部为树池，树池相对较小，西、北侧为水泥路，土壤的透水、透气性一般。</td></tr>
<tr><td>树木生长状况描述</td><td colspan="7">古树主干明显，树干6米处有分叉，树干光洁无疤痕，树冠生长均称，有少部分枯枝，树体有蛀干虫害。</td></tr>
<tr><td>保护复壮措施</td><td colspan="7">1. 环境清理：清除周边垃圾杂物，对古树周围硬化进行拆除清理，增加根系生长空间。
2. 排水系统改造：改造古树周围的排水，避免雨水直接灌注到古树根系周围。
3. 清腐防腐：对古树枯死枝及断落枝干进行清理，并对伤口进行防病防腐处理。
4. 病虫害防治：采用熏蒸方式，对树体进行虫害防治。使用氧化乐果及敌敌畏乳油加水调兑后，对树干进行均匀喷洒，之后使用塑料薄膜对树干进行包裹，并用透明胶带进行固定，确保杀死树皮内害虫。
5. 土壤改良：对土壤进行深翻，清理土壤中的砖石瓦砾，提高土壤透气性，增加营养土，增施有机肥，提高土壤肥力，促进根系生长。
6. 透气管设置：在古树周围设置透气管，提高土壤透气性，管径 8~10 厘米，45°斜向插入根际，透气管上打孔，管口带帽，防止杂物堵塞，通过透气管向根系深处施加有机肥和根系促生长剂，提高根系活力，促进根系生长。</td></tr>
</table>

·古树生长主要问题·

古树基部树池相对较小，西、北侧为水泥路

古树周边垃圾杂物较多，水路不畅

病虫害严重

枯死枝较多

·古树保护复壮措施·

拆除树池、硬质铺装

清除垃圾杂物、土壤改良

透气管设置

透气管设置

清理枯死枝

虫害治理

·古树保护复壮效果·

◎ 栓皮栎（32048100035）

<table>
<tr><td>古树编号</td><td colspan="2">32048100035</td><td colspan="2">县（市、区）</td><td>溧阳市</td></tr>
<tr><td rowspan="2">树 种</td><td colspan="5">中文名：栓皮栎　拉丁名：Quercus variabilis Bl.</td></tr>
<tr><td colspan="5">科：壳斗科　属：栎属</td></tr>
<tr><td rowspan="3">位置</td><td colspan="5">乡镇：天目湖镇　村（居委会）：平桥村</td></tr>
<tr><td colspan="5">小地名：雪飞岭村 48 号西</td></tr>
<tr><td colspan="3">纵坐标：E119°　26′　53.00″</td><td colspan="2">横坐标：N31°　11′　51.23″</td></tr>
<tr><td>树龄</td><td colspan="3">真实树龄：　　　　年</td><td colspan="2">估测树龄：200 年</td></tr>
<tr><td>古树等级</td><td colspan="2">三级</td><td colspan="2">树高：13.7 米</td><td>胸径：90 厘米</td></tr>
<tr><td>冠幅</td><td colspan="2">平均：12.5 米</td><td colspan="2">东西：11 米</td><td>南北：14 米</td></tr>
<tr><td>立地条件</td><td>海拔：120 米</td><td>坡向：无</td><td>坡度：　度</td><td>坡位：平地</td><td>土壤名称：黄棕壤</td></tr>
<tr><td>生长势</td><td colspan="2">衰弱株</td><td colspan="2">生长环境</td><td>差</td></tr>
<tr><td>影响生长环境问题</td><td colspan="5">古树周边为村镇建设用地，古树地处乡村道路中间，根基周围为石子铺装，土壤的透水、透气性较差。</td></tr>
<tr><td>树木生长状况描述</td><td colspan="5">树干 7 米处二分叉，树冠主枝无顶，侧枝萌生小枝条；根部在路中间，因道路降坡，古树基部被掏空，主根裸露严重，主干自上而下中空腐烂严重，枝干蛀干虫害较为严重。</td></tr>
<tr><td>保护复壮措施</td><td colspan="5">1. 环境清理：对古树周围影响生长的杂灌、杂藤进行清理，增加古树获取光照的机会，减少对古树生长的影响。
2. 清腐防腐：对古树枯死枝及断落枝干进行清理，并对伤口进行防病防腐处理。
3. 树干处理：对主干中空部分进行处理，清除内部腐烂组织，彻底清理腐烂组织后，使用消毒剂、杀菌剂、杀虫剂，对树体特别是刮除病死组织部分进行消毒杀菌、杀虫处理，干燥后使用熟桐油进行防腐处理，重复 2~3 次，对个别空洞进行密封处理，对根系空洞以开放式处理，并在空洞底部做排水处理，避免空洞基部积水。
4. 土壤改良：对古树周围的土壤进行深翻，清除土壤中的砖石瓦砾，增添营养土，提高土壤透水、透气性，增施有机肥，提高土壤肥力，解决土壤板结问题。
5. 护坡加固：使用块石对根部进行护坡加固，回填消毒杀菌后的土壤，减少水土流失。</td></tr>
</table>

· 古树生长主要问题 ·

古树地处乡村道路中间，根基周围为石子铺装，主根裸露严重

古树周围杂灌、杂藤较多

古树主干中空，枯死枝多

病虫害严重

·古树保护复壮措施·

环境清理

清理枯死枝

消毒杀菌、防腐处理

土壤改良

护坡加固、土壤回填

·古树保护复壮效果·

◎ 榔榆（038）

<table>
<tr><td>古树编号</td><td colspan="2">038</td><td colspan="2">县（市、区）</td><td>溧阳市</td></tr>
<tr><td rowspan="2">树 种</td><td colspan="5">中文名：榔榆　拉丁名：Ulmus parvifolia Jacq.</td></tr>
<tr><td colspan="5">科：榆科　属：榆属</td></tr>
<tr><td rowspan="3">位置</td><td colspan="5">乡镇：古县街道　村（居委会）：新桥村</td></tr>
<tr><td colspan="5">小地名：新建宾馆中部（原戴北小学）</td></tr>
<tr><td colspan="3">纵坐标：E119°　29′　24.97″</td><td colspan="2">横坐标：N31°　20′　43.74″</td></tr>
<tr><td>树龄</td><td colspan="3">真实树龄：　　年</td><td colspan="2">估测树龄：140 年</td></tr>
<tr><td>古树等级</td><td colspan="2">三级</td><td colspan="2">树高：8 米</td><td>胸径：85 厘米</td></tr>
<tr><td>冠幅</td><td colspan="2">平均：9 米</td><td colspan="2">东西：10 米</td><td>南北：8 米</td></tr>
<tr><td>立地条件</td><td>海拔：5 米</td><td>坡向：无</td><td>坡度：　度</td><td>坡位：平地</td><td>土壤名称：黄棕壤</td></tr>
<tr><td>生长势</td><td colspan="2">衰弱株</td><td colspan="2">生长环境</td><td>差</td></tr>
<tr><td>影响生长环境问题</td><td colspan="5">古树周边为商业用地。古树周边水泥场地高出地面 15 厘米，根部易积水，原水泥场地面积过大，土壤透水、透气性差，对古树根部造成较大伤害。</td></tr>
<tr><td>树木生长状况描述</td><td colspan="5">古树树身布满突状瘤，树干 1.8 米处二分叉，树干纵向 1/2 已枯死腐烂，且有蛀干害虫蛀孔；树冠严重偏冠，偏东南，西北无树冠，北侧枝北面从上向下枯死；原有铁质支架锈蚀严重，且接触点严重嵌入树体。</td></tr>
<tr><td>保护复壮措施</td><td colspan="5">1. 环境清理：清除周边垃圾杂物。
2. 土壤改良：对古树周围的土壤进行深翻，清除土壤中的砖石瓦砾，回填营养土，提高土壤透水、透气性，增施有机肥，提高土壤肥力，解决土壤板结问题。
3. 排水系统改造：使树池内部土壤形成坡度，树体周围最高，从树体周围开始坡度逐渐减小，使雨水向低处流，在最低处设排水井和排水管，将积水引出，防止积水过多导致烂根。
4. 枯死枝干清理：对古树上的枯死枝干进行清理，减轻树干重量，便于后期更换支架，对清理后的截口进行保护防腐处理。
5. 支架处理：拆除原有支架，并对接触点进行防病防腐处理，根据树势，设计两根接头为 U 形，长约 4.2~4.5 米的支架，现场进行安装，并在接触点垫橡胶垫，防止树干摩擦损伤；基座采用角钢 + 水泥层 + 螺纹钢结构，防止支架下沉，失去支撑力。
6. 清腐防腐：对古树整体腐烂部分进行清理，彻底清理腐烂组织后，使用溴氰菊酯、灭蛀磷原液、敌克松、多菌灵等，对树体特别是刮除病死组织部分进行杀虫消毒杀菌处理，待干燥后，使用熟桐油进行防腐处理（刷涂 1 遍，打磨 1 遍），防腐处理重复 2~3 遍，使熟桐油尽可能浸透木质部，提高防腐效果。待防腐处理干燥后，使用发泡胶对树干底部中空进行封堵，并形成一定的坡度，便于雨水流出。
7. 塑木铺装：在古树周围进行架空塑木铺装。
8. 设置围栏：在古树周围设置围栏，围栏采用仿木设计。</td></tr>
</table>

·古树生长主要问题·

古树周边环境杂乱，水泥场地高出地面，根部易积水，水泥场地面积过大

树冠严重偏冠，北侧枝北面从上向下枯死

蛀干害虫危害严重

铁质支架锈蚀严重，且接触点严重嵌入树体

枯死枝多

古树树干纵向 1/2 已枯死腐烂

·古树保护复壮措施·

垃圾杂物清除

土壤改良

排水系统改造

枯死枝清理

支架基座

支架设置

清除腐烂组织

防腐处理

树洞封堵

架空塑木铺装、围栏

· 古树保护复壮效果 ·

◎ 青檀（32048100039）

<table>
<tr><td>古树编号</td><td>32048100039</td><td colspan="2">县（市、区）</td><td colspan="2">溧阳市</td></tr>
<tr><td rowspan="2">树 种</td><td colspan="5">中文名：青檀　拉丁名：Pteroceltis tatarinowii Maxim.</td></tr>
<tr><td colspan="5">科：榆科　属：青檀属</td></tr>
<tr><td rowspan="3">位置</td><td colspan="5">乡镇：戴埠镇　村（居委会）：横涧村</td></tr>
<tr><td colspan="5">小地名：深溪岕村 41 号南侧</td></tr>
<tr><td colspan="2">纵坐标：E119°　30′　6.29″</td><td colspan="3">横坐标：N31°　10′　39.25″</td></tr>
<tr><td>树龄</td><td colspan="2">真实树龄：　　年</td><td colspan="3">估测树龄：500 年</td></tr>
<tr><td>古树等级</td><td>一级</td><td colspan="2">树高：15 米</td><td colspan="2">胸径：80 厘米</td></tr>
<tr><td>冠幅</td><td>平均：15 米</td><td colspan="2">东西：12 米</td><td colspan="2">南北：18 米</td></tr>
<tr><td>立地条件</td><td>海拔：130 米</td><td>坡向：无</td><td>坡度：　度</td><td>坡位：平地</td><td>土壤名称：黄棕壤</td></tr>
<tr><td>生长势</td><td>正常株</td><td colspan="2">生长环境</td><td colspan="2">良好</td></tr>
<tr><td>影响生长环境问题</td><td colspan="5">古树周边为村镇建设用地，基部西侧为涧溪，已经进行了块石驳岸，东侧水泥路，土壤的透水、透气性较差。</td></tr>
<tr><td>树木生长状况描述</td><td colspan="5">古树生长在涧溪边，根盘裸露，树干正身被日本人烧掉，基部根蘖四棵，主干腐烂严重，无主梢，主干上侧枝萌发多。树干腐烂部分填充了水泥，长期的封堵使水泥碎裂，造成雨水倒灌，内部腐烂加重，且水泥呈碱性，对树体的生长恢复起到阻碍作用。</td></tr>
<tr><td>保护复壮措施</td><td colspan="5">1. 拆除水泥封堵：拆除古树枝干上原有的水泥封堵，然后使用消毒后的刮刀和磨光机对内部腐烂组织进行细致清除，之后使用消毒剂、杀菌剂对内部进行消毒杀菌，喷洒杀虫剂预防虫害，最后使用熟桐油进行防腐处理（刷涂 1 遍，打磨 1 遍），防腐处理重复 2~3 次，对树干做开放式处理，在底部做排水处理，防止底部积水。
2. 枯死枝干清理：对古树上的枯死枝及其他腐烂组织进行清理，并对古树适当疏枝，对清理后的截口进行消毒杀菌及保护防腐处理，对部分朝天树洞使用发泡剂进行封堵，防止雨水侵蚀。
3. 支架处理：为防止枝干开裂，使用钢绳对侧枝进行加固，在钢绳与树体接触点均垫有橡胶垫，防止树干摩擦受损。</td></tr>
</table>

·古树生长主要问题·

古树西侧为涧溪，已经进行了块石驳岸，东侧水泥路

古树根盘裸露

树干腐烂部分填充了水泥

主干腐烂严重，无主梢

主干上侧枝萌发多，倒伏风险大

· 古树保护复壮措施 ·

拆除古树枝干上原有的水泥封堵

清除内部腐烂组织

熟桐油防腐处理

疏枝、枯死枝干清理

侧枝加固

· 古树保护复壮效果 ·

◎ 青檀（32048100040）

<table>
<tr><td>古树编号</td><td colspan="2">32048100040</td><td colspan="3">县（市、区）</td><td colspan="2">溧阳市</td></tr>
<tr><td rowspan="2">树 种</td><td colspan="7">中文名：青檀　拉丁名：Pteroceltis tatarinowii Maxim.</td></tr>
<tr><td colspan="7">科：榆科　属：青檀属</td></tr>
<tr><td rowspan="3">位置</td><td colspan="7">乡镇：戴埠镇　村（居委会）：横涧村</td></tr>
<tr><td colspan="7">小地名：深溪岕村 56 号南侧</td></tr>
<tr><td colspan="4">纵坐标：E119°　30′　6.27″</td><td colspan="3">横坐标：N31°　10′　41.97″</td></tr>
<tr><td>树龄</td><td colspan="4">真实树龄：　　　年</td><td colspan="3">估测树龄：500 年</td></tr>
<tr><td>古树等级</td><td colspan="3">一级</td><td colspan="2">树高：15 米</td><td colspan="2">胸径：62 厘米</td></tr>
<tr><td>冠幅</td><td colspan="3">平均：19 米</td><td colspan="2">东西：21 米</td><td colspan="2">南北：17 米</td></tr>
<tr><td>立地条件</td><td>海拔：130 米</td><td>坡向：无</td><td colspan="2">坡度：　度</td><td colspan="2">坡位：平地</td><td>土壤名称：黄棕壤</td></tr>
<tr><td>生长势</td><td colspan="3">正常株</td><td colspan="2">生长环境</td><td colspan="2">良好</td></tr>
<tr><td>影响生长环境问题</td><td colspan="7">古树周边为村镇建设用地，西侧为房，东侧为涧溪，已经进行了块石驳岸，土壤的透水、透气性一般。</td></tr>
<tr><td>树木生长状况描述</td><td colspan="7">古树生长在涧溪边，根受冲刷，根盘裸露。古树基部三分叉，北枝最小；1 号枝 4 米处向上有一处腐烂树洞；2 号枝 4 米处二分叉，树干有不规则凹槽；3 号枝 5 米处二分叉，树干有不规则凹槽；三分叉树身都萌发侧枝。东、北侧分叉上部枯死，周围萌条较多。</td></tr>
<tr><td>保护复壮措施</td><td colspan="7">1. 环境清理：清除周边垃圾杂物。
2. 枯死枝干清理：对古树上的枯死枝及其他腐烂树洞进行清理，并对古树适当疏枝，对清理后的截口进行消毒杀菌及保护防腐处理，对部分朝天树洞使用发泡剂进行封堵，防止雨水侵蚀，其余树洞做开放式处理，并在底部做排水处理，防止底部积水。
3. 清腐防腐：对古树整体腐烂部分进行清理，彻底清理腐烂组织后，使用溴氰菊酯、灭蛀磷原液、敌克松、多菌灵等，对树体特别是刮除病死组织部分进行杀虫消毒杀菌处理。待干燥后，使用熟桐油进行防腐处理（刷涂 1 遍，打磨 1 遍），防腐处理重复 2~3 遍，使熟桐油尽可能浸透木质部，提高防腐效果。</td></tr>
</table>

·古树生长主要问题·

古树东侧为涧溪，已经进行了驳岸，西侧为房

古树根盘裸露

主干腐烂严重，无主梢

侧枝萌发多

·古树保护复壮措施·

环境清理

萌枝、枯死枝干清理

腐烂树洞清理

腐烂树洞清理

清腐防腐

树洞排水处理

·古树保护复壮效果·

◎ 青檀（32048100041）

古树编号	32048100041	县（市、区）	溧阳市		
树 种	中文名：青檀　拉丁名：*Pteroceltis tatarinowii* Maxim.				
	科：榆科　属：青檀属				
位置	乡镇：戴埠镇　村（居委会）：横涧村				
	小地名：深溪岕村 125 号侧（青龙桥边）				
	纵坐标：E119°　30′　6.09″	横坐标：N31°　10′　38.74″			
树龄	真实树龄：　　年	估测树龄：500 年			
古树等级	一级	树高：16 米	胸径：73 厘米		
冠幅	平均：16.5 米	东西：17 米	南北：16 米		
立地条件	海拔：130 米	坡向：无	坡度：　度	坡位：平地	土壤名称：黄棕壤
生长势	正常株	生长环境	良好		
影响生长环境问题	古树周边为村镇建设用地，东侧为涧溪，已经进行了块石驳岸，西侧为铺装路，南侧为桥，建有树池，池内土壤板结，透水、透气性一般。				
树木生长状况描述	古树生长在涧溪边，自地面三分枝（74 厘米 +57 厘米 +63 厘米），一分叉树干通直，2 米处二分叉，基部北面向上有一长 80 厘米的腐烂孔，基部南面 50 厘米以上有一 50 厘米腐烂孔，深达 30 厘米；主干东相邻（30 厘米）两棵萌蘖（围 156 厘米、围 249 厘米），其中中间一株 2 米处二分叉，其南叉 2 米处向上有一 2 米长的腐烂纵槽，宽约 20 厘米，深达 25 厘米；东侧一株 6 米处二分叉，树身有萌发侧枝。				
保护复壮措施	1. 枯死枝干清理：对古树上的枯死枝及其他腐烂树洞进行清理，并对古树适当疏枝，对清理后的截口进行消毒杀菌及保护防腐处理，对部分朝天树洞使用发泡剂进行封堵，防止雨水侵蚀，其余树洞做开放式处理，并在底部做排水处理，防止底部积水。 2. 清腐防腐：对古树整体腐烂部分进行清理，彻底清理腐烂组织后，使用溴氰菊酯、灭蛀磷原液、敌克松、多菌灵等，对树体特别是刮除病死组织部分进行杀虫消毒杀菌处理。待干燥后，使用熟桐油进行防腐处理（刷涂 1 遍，打磨 1 遍），防腐处理重复 2~3 遍，使熟桐油尽可能浸透木质部，提高防腐效果。 3. 土壤处理：对树池内的土壤进行翻土，清除土壤中的砖石瓦砾，促进土壤透水、透气，增施有机肥，提高土壤肥力，促进古树生长。				

·古树生长主要问题·

古树东侧为涧溪，西侧为铺装路，南侧为桥，建有树池

主干腐烂严重，无主梢

·古树保护复壮措施·

枯死枝干清理

树洞处理

清腐防腐处理

·古树保护复壮效果·

◎ 榉树（32048100046、32048100047）

<table>
<tr><td>古树编号</td><td colspan="2">32048100046</td><td colspan="3">县（市、区）</td><td colspan="2">溧阳市</td></tr>
<tr><td rowspan="2">树种</td><td colspan="7">中文名：榉树　拉丁名：Zelkova serrata (Thunb.) Makino</td></tr>
<tr><td colspan="7">科：榆科　属：榉属</td></tr>
<tr><td rowspan="3">位置</td><td colspan="7">乡镇：戴埠镇　村（居委会）：松岭村</td></tr>
<tr><td colspan="7">小地名：松岭村206号西路侧庙旁（王家村东侧），二榉树相距6米，本树在东侧</td></tr>
<tr><td colspan="4">纵坐标：E119°　28′　4.59″</td><td colspan="3">横坐标：N31°　10′　21.69″</td></tr>
<tr><td>树龄</td><td colspan="4">真实树龄：　　年</td><td colspan="3">估测树龄：300年</td></tr>
<tr><td>古树等级</td><td colspan="3">二级</td><td colspan="2">树高：13.5米</td><td colspan="2">胸径：45厘米</td></tr>
<tr><td>冠幅</td><td colspan="3">平均：11米</td><td colspan="2">东西：9米</td><td colspan="2">南北：13米</td></tr>
<tr><td>立地条件</td><td>海拔：122米</td><td>坡向：无</td><td>坡度：　度</td><td colspan="2">坡位：平地</td><td colspan="2">土壤名称：黄棕壤</td></tr>
<tr><td>生长势</td><td colspan="3">正常株</td><td colspan="2">生长环境</td><td colspan="2">良好</td></tr>
<tr><td>树木生长状况描述</td><td colspan="7">树干3米处三分叉，通直无疤痕，北侧分叉已经枯死，侧枝无明显主梢。</td></tr>
</table>

<table>
<tr><td>古树编号</td><td colspan="2">32048100047</td><td colspan="3">县（市、区）</td><td colspan="2">溧阳市</td></tr>
<tr><td rowspan="2">树种</td><td colspan="7">中文名：榉树　拉丁名：Zelkova serrata (Thunb.)Makino</td></tr>
<tr><td colspan="7">科：榆科　属：榉属</td></tr>
<tr><td rowspan="3">位置</td><td colspan="7">乡镇：戴埠镇　村（居委会）：松岭村</td></tr>
<tr><td colspan="7">小地名：松岭村206号西路侧庙旁（王家村东侧），二榉树相距6米，本树在西侧</td></tr>
<tr><td colspan="4">纵坐标：E119°　28′　4.30″</td><td colspan="3">横坐标：N31°　10′　21.58″</td></tr>
<tr><td>树龄</td><td colspan="4">真实树龄：　　年</td><td colspan="3">估测树龄：250年</td></tr>
<tr><td>古树等级</td><td colspan="3">三级</td><td colspan="2">树高：14.5米</td><td colspan="2">胸径：50厘米</td></tr>
<tr><td>冠幅</td><td colspan="3">平均：17米</td><td colspan="2">东西：15米</td><td colspan="2">南北：19米</td></tr>
<tr><td>立地条件</td><td>海拔：122米</td><td>坡向：无</td><td>坡度：　度</td><td colspan="2">坡位：平地</td><td colspan="2">土壤名称：黄棕壤</td></tr>
<tr><td>生长势</td><td colspan="3">正常株</td><td colspan="2">生长环境</td><td colspan="2">良好</td></tr>
<tr><td>树木生长状况描述</td><td colspan="7">树干3米处三分叉，通直无疤痕，侧枝无明显主梢，北面主侧枝有疤痕，3米处有腐烂孔，南侧分叉已经枯死。</td></tr>
<tr><td>影响生长环境问题</td><td colspan="7">古树周边为村镇建设用地，南侧为水沟，北侧为小庙，土壤的透水、透气性较差。</td></tr>
<tr><td>保护复壮措施</td><td colspan="7">1. 环境清理：对古树周围影响生长的杂竹、杂灌、杂藤（扶芳藤直径6厘米）进行清理，增加古树获取光照的机会，减少对古树生长的影响。
2. 枯死枝干清理：对两株古树上的枯死枝、腐烂组织进行清理，对清理后的截口进行消毒杀菌处理，并喷杀虫剂，预防虫害。待干燥后，使用熟桐油对树体进行防腐处理（刷涂1遍，打磨1遍），重复2~3次，尽可能使熟桐油浸透木质部，防止后期雨水侵蚀。
3. 土壤处理：对古树周围的土壤进行翻土，清除土壤中的砖石瓦砾及杂灌根系等杂物，回填营养土，提高土壤透水、透气性，增施有机肥，提高土壤养分，促进古树生长。</td></tr>
</table>

·古树生长主要问题·

古树周围影响生长的杂竹、杂灌、杂藤多

两株古树枯死枝多

古树基部树洞较多

古树基部铺满杂藤，土壤贫瘠

· 古树保护复壮措施 ·

杂竹、杂灌、杂藤清理

枯死枝干清理

清腐防腐处理

土壤处理

·古树保护复壮效果·

◎ 榉树（32048100050）

<table>
<tr><td>古树编号</td><td colspan="2">32048100050</td><td colspan="3">县（市、区）</td><td colspan="2">溧阳市</td></tr>
<tr><td rowspan="2">树 种</td><td colspan="7">中文名：榉树　拉丁名：Zelkova serrata (Thunb.) Makino</td></tr>
<tr><td colspan="7">科：榆科　属：榉属</td></tr>
<tr><td rowspan="3">位置</td><td colspan="7">乡镇：戴埠镇　村（居委会）：南渚村</td></tr>
<tr><td colspan="7">小地名：惠家村 80 号（惠志新）文背山</td></tr>
<tr><td colspan="4">纵坐标：E119°　28′　14.20″</td><td colspan="3">横坐标：N31°　12′　50.13″</td></tr>
<tr><td>树龄</td><td colspan="4">真实树龄：　　年</td><td colspan="3">估测树龄：800 年</td></tr>
<tr><td>古树等级</td><td colspan="3">一级</td><td colspan="3">树高：13.5 米</td><td>胸径：170 厘米</td></tr>
<tr><td>冠幅</td><td colspan="3">平均：11.5 米</td><td colspan="3">东西：　米</td><td>南北：　米</td></tr>
<tr><td>立地条件</td><td>海拔：86 米</td><td>坡向：无</td><td colspan="2">坡度：　度</td><td colspan="2">坡位：平地</td><td>土壤名称：黄棕壤</td></tr>
<tr><td>生长势</td><td colspan="3">濒危株</td><td colspan="3">生长环境</td><td>良好</td></tr>
<tr><td>影响生长环境问题</td><td colspan="7">古树周边为村镇建设用地，土壤的透水、透气性较好，北侧民居对树有一定影响。</td></tr>
<tr><td>树木生长状况描述</td><td colspan="7">古树树干高 3 米，树干 4/5 已枯死腐烂，且纵向劈裂，部分已坍塌；树体仅一根侧枝成活，活枝呈水平外展，用木杆支撑，随时都有倒塌风险。生长势严重衰弱，濒死。</td></tr>
<tr><td>保护复壮措施</td><td colspan="7">1. 环境清理：对古树周围影响生长的杂灌进行清理，减少土壤养分流失，减轻对古树生长的影响。
2. 清腐防腐：对古树整体进行清腐处理，对存在坍塌风险的枯死枝干进行清理，对树体进行细致打磨。彻底清理腐烂组织后，对清理下来的腐烂组织进行集中清除，之后使用消毒剂、杀菌剂，对树体特别是刮除病死组织部分进行消毒杀菌处理，并喷杀虫剂，预防虫害。待消毒杀菌通风干燥后，对树体进行防腐处理，之后使用熟桐油进行防腐处理（刷涂 1 遍，打磨 1 遍），防腐处理重复 3 遍，使熟桐油尽可能浸透木质部，提高防腐效果。
3. 支撑：对原侧枝支架进行更换，支架材料为镀锌钢管，现场进行焊接制作，并对支架喷防锈漆，在所有着力点用 1 厘米厚橡胶垫进行保护。
4. 打箍加固：为防止主干进一步劈裂、倒塌，对主干进行打箍加固，在环箍与活组织接触部分加橡胶垫保护，并喷防锈漆。
5. 土壤改良：对树池内部以及古树周围的土壤进行适当深翻，清除土壤中的砖石瓦砾，提高土壤透水、透气性，增施有机肥，提高土壤肥力，改善根系生长空间。</td></tr>
</table>

· 古树生长主要问题 ·

古树周围杂灌较多

古树树干 4/5 已枯死腐烂，且纵向劈裂

树体仅一根侧枝成活，活枝呈水平外展，用木杆支撑，随时都有倒塌风险

树体蛀孔多

古树仅保留 1/4 树皮，生长势严重衰弱

· 古树保护复壮措施 ·

环境清理

病虫害防治

清腐处理

清腐处理（油锯）

清腐处理（磨光机）

树洞清腐处理

根茎部处理

清除腐烂组织

消毒杀菌

防腐处理（锯口涂防腐剂）

防腐处理（喷桐油防腐）

支架设置

主干打箍加固

土壤改良

· 古树保护复壮效果 ·

◎ 榉树（32048100057）

<table>
<tr><td>古树编号</td><td>32048100057</td><td colspan="2">县（市、区）</td><td colspan="2">溧阳市</td></tr>
<tr><td rowspan="2">树 种</td><td colspan="5">中文名：榉树　拉丁名：Zelkova serrata (Thunb.) Makino</td></tr>
<tr><td colspan="5">科：榆科　属：榉属</td></tr>
<tr><td rowspan="3">位置</td><td colspan="5">乡镇：昆仑街道　村（居委会）：杨庄村</td></tr>
<tr><td colspan="5">小地名：石塘村 85 号东侧</td></tr>
<tr><td colspan="2">纵坐标：E119°　29′　44.87″</td><td colspan="3">横坐标：N31°　29′　40.46″</td></tr>
<tr><td>树龄</td><td colspan="2">真实树龄：　　　年</td><td colspan="3">估测树龄：120 年</td></tr>
<tr><td>古树等级</td><td>三级</td><td colspan="2">树高：14.7 米</td><td colspan="2">胸径：100 厘米</td></tr>
<tr><td>冠幅</td><td>平均：21 米</td><td colspan="2">东西：23 米</td><td colspan="2">南北：18 米</td></tr>
<tr><td>立地条件</td><td>海拔：4 米</td><td>坡向：无</td><td>坡度：　度</td><td>坡位：平地</td><td>土壤名称：水稻土</td></tr>
<tr><td>生长势</td><td>正常株</td><td colspan="2">生长环境</td><td colspan="2">良好</td></tr>
<tr><td>影响生长环境问题</td><td colspan="5">古树周边为村镇建设用地，树干周围被水泥铺装覆盖，东侧为塘，土壤的透水、透气性较差。</td></tr>
<tr><td>树木生长状况描述</td><td colspan="5">主干八分叉，无腐烂现象，有部分枝干枯死，长势良好。</td></tr>
<tr><td>保护复壮措施</td><td colspan="5">1. 土壤改良：对古树周围的土壤进行深翻，清除土壤中的砖石瓦砾，回填营养土，提高土壤透水、透气性，增施有机肥，提高土壤肥力，解决土壤板结问题。
2. 硬质化地面打孔：使用打孔机，对古树树池周围的硬质化地面进行打孔，促进根系土壤透气性，通过透气孔进行施肥，提高土壤养分，促进古树生长。
3. 枯死枝干清理：对古树上的枯死枝干及腐烂组织进行清理。在彻底清理枯枝和腐烂组织后，使用消毒剂、杀菌剂，对古树整体进行消毒杀菌处理，特别对刮除病死组织部分进行着重处理。待干燥后，使用熟桐油对清理后的截口进行防腐处理。
4. 设置围栏：在古树周围设置围栏，防止行人踩踏，造成土壤板结。</td></tr>
</table>

·古树生长主要问题·

土壤板结

古树树池周围硬质化地面

基部香灰堆积

古树枯死枝干

·古树保护复壮措施·

清理枯死枝干

打透气孔

设置围栏

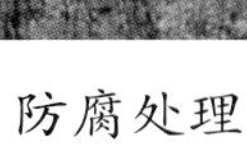

防腐处理

香灰清理、土壤改良

· 古树保护复壮效果 ·

◎ 糙叶树（32048100065）

古树编号	32048100065	县（市、区）	溧阳市		
树　种	中文名：糙叶树　拉丁名：*Aphananthe aspera (Thunb.)* Planch.				
	科：榆科　属：糙叶树属				
位置	乡镇：戴埠镇　村（居委会）：山口村				
	小地名：崔芥村 1 号路边				
	纵坐标：E119°　27′　38.28″	横坐标：N31°　16′　24.35″			
树龄	真实树龄：　　　　年	估测树龄：100 年			
古树等级	三级	树高：15.3 米	胸径：73 厘米		
冠幅	平均：16.5 米	东西：17 米	南北：16 米		
立地条件	海拔：60 米	坡向：280	坡度：20 度	坡位：下	土壤名称：黄棕壤
生长势	正常株	生长环境	良好		
影响生长环境问题	古树周边为村镇建设用地，古树生长于道路边缘，一侧根系被水泥路面覆盖，另一侧为砖石堆砌护坡，北侧有一小庙，整体生长环境较差。根基土壤板结、砖石瓦砾众多，土壤的透水、透气性一般。				
树木生长状况描述	树干 5 米处二分叉，向上分叉较多，侧枝主梢明显；树干有多处凹槽，南瓜棱形；主干基部向上西侧有一宽 10 厘米、深 30 厘米的腐烂孔，主干内部纵向中空，有蜜蜂在内部筑巢；根基水土流失，部分根系裸露。				
保护复壮措施	1. 土壤改良：对护坡和路面进行改造，破拆掉一部分硬质路面，护坡下移。对土壤进行深翻，清除土壤中的砖石瓦砾，回填营养土，提高土壤透气性，增施有机肥和根系促生长剂，提高根系活力。 2. 枯死枝干清理：对古树上的枯死枝干进行清理，对清理后的截口进行消毒杀菌，待干燥后，在有活组织的部分使用萘乙酸愈伤膏涂抹，其他截口进行防腐处理。 3. 树洞处理：对主干基部上的空洞内部进行清理，彻底清除内部腐烂组织后，使用消毒剂、杀菌剂，对树体特别是刮除病死组织部分进行消毒杀菌处理。待干燥后，进行防腐处理，对部分空洞进行密封处理，避免后期雨水进入，加剧腐烂。 4. 设置护栏：在靠近道路一侧设置护栏，避免来往的行人车辆对古树造成损伤。				

·古树生长主要问题·

古树一侧为水泥路面，另一侧为砖石护坡，北侧有一小庙

根基土壤板结

主干基部腐烂孔，主干内部纵向中空

根基水土流失，部分根系裸露

·古树保护复壮措施·

清理枯死枝

树洞清理

消毒杀菌

设置护栏

增施有机肥

土壤改良

·古树保护复壮效果·

◎ 糙叶树（32048100066）

古树编号	32048100066	县（市、区）	溧阳市		
树种	中文名：糙叶树　拉丁名：*Aphananthe aspera (Thunb.)* Planch.				
	科：榆科　属：糙叶树属				
位置	乡镇：昆仑街道　村（居委会）：毛场村				
	小地名：沙涨村尚书墓东侧				
	纵坐标：E119°　28′　25.00″	横坐标：N31°　28′　45.18″			
树龄	真实树龄：　　　年	估测树龄：110 年			
古树等级	三级	树高：13 米	胸径：80 厘米		
冠幅	平均：17 米	东西：17 米	南北：16 米		
立地条件	海拔：6 米	坡向：无	坡度：　度	坡位：平地	土壤名称：水稻土
生长势	正常株	生长环境	良好		
影响生长环境问题	古树周边为村镇建设用地，在偰斯墓园内，土壤的透水、透气性较好。				
树木生长状况描述	古树树干 3.5 米处三分叉，树干灰白色，多纵向凹槽，很深，达 15 厘米以上。				
保护复壮措施	1. 环境清理：对古树周围影响生长的杂灌、杂竹进行清理，减少土壤养分流失，减轻对古树生长的影响。 2. 土壤改良：对古树周围的土壤进行深翻，清除土壤中的砖石瓦砾，提高土壤透水、透气性，增施有机肥，提高土壤肥力，解决土壤板结问题。 3. 枯死枝干清理：对古树上的枯死枝干及较深纵向凹槽进行清理。在彻底清理枯枝和腐烂组织后，使用消毒剂、杀菌剂对古树整体进行消毒杀菌处理，特别对刮除病死组织部分进行着重处理。待干燥后，使用熟桐油对清理后的截口进行防腐处理。				

· 古树生长主要问题 ·

古树周围杂灌、杂竹多

古树上有枯死枝干

古树树干多纵向凹槽

土壤中的砖石瓦砾

·古树保护复壮措施·

杂灌、杂竹清理

纵向凹槽清理

土壤改良

枯死枝干清理

·古树保护复壮效果·

◎ 糙叶树（32048100068）

<table>
<tr><td>古树编号</td><td colspan="2">32048100068</td><td colspan="2">县（市、区）</td><td colspan="2">溧阳市</td></tr>
<tr><td rowspan="2">树 种</td><td colspan="6">中文名：糙叶树 拉丁名：Aphananthe aspera (Thunb.) Planch.</td></tr>
<tr><td colspan="6">科：榆科 属：糙叶树属</td></tr>
<tr><td rowspan="3">位置</td><td colspan="6">乡镇：天目湖镇 村（居委会）：杨村村</td></tr>
<tr><td colspan="6">小地名：锁山村 51 号前（240 镇广线边）</td></tr>
<tr><td colspan="3">纵坐标：E119° 27′ 11.79″</td><td colspan="3">横坐标：N31° 13′ 46.33″</td></tr>
<tr><td>树龄</td><td colspan="3">真实树龄： 年</td><td colspan="3">估测树龄：230 年</td></tr>
<tr><td>古树等级</td><td colspan="2">三级</td><td colspan="2">树高：12.7 米</td><td colspan="2">胸径：93 厘米</td></tr>
<tr><td>冠幅</td><td colspan="2">平均：13.5 米</td><td colspan="2">东西：13 米</td><td colspan="2">南北： 14 米</td></tr>
<tr><td>立地条件</td><td>海拔：64 米</td><td>坡向：</td><td>坡度： 度</td><td>坡位：</td><td colspan="2">土壤名称：黄棕壤</td></tr>
<tr><td>生长势</td><td colspan="2">正常株</td><td colspan="2">生长环境</td><td colspan="2">良好</td></tr>
<tr><td>影响生长环境问题</td><td colspan="6">古树周边为村镇建设用地，马路一侧为块石挡土墙，北侧为小庙，根基地面基本全部被水泥硬化覆盖，土壤的透水、透气性较差。</td></tr>
<tr><td>树木生长状况描述</td><td colspan="6">树干 1 米处二分叉，光洁无疤痕，树型好，分枝较多，距地面 35 厘米处长有木灵芝一个。</td></tr>
<tr><td>保护复壮措施</td><td colspan="6">1. 土壤改良：对根系土壤进行深翻，清除土壤中的砖石瓦砾，提高土壤透气性；增加营养土，改善土壤结构；增施有机肥，提高土壤肥力，促进古树生长。
2. 硬化地面清理：对古树根基一侧的水泥硬化地面进行清理，尽可能扩大古树生长空间，减少其对古树生长的影响。
3. 枯死枝干清理：对古树上的枯死枝干和腐烂组织进行清理，对清理后的截口进行消毒杀菌，待干燥后，在有活组织的部分使用萘乙酸愈伤膏涂抹，其他截口进行防腐处理。
4. 树洞处理：待防腐处理干燥后，使用发泡胶对部分基部树洞进行封堵，防止雨水进入，造成内部腐烂。</td></tr>
</table>

·古树生长主要问题·

古树根基地面基本全部被水泥硬化覆盖

古树根基地面砖块严重影响古树根茎部生长

古树树干腐烂严重

· 古树保护复壮措施 ·

硬化清除

内部腐烂组织清除

清腐防腐处理

封堵树洞

·古树保护复壮效果·

◎ 朴树（32048100079）

<table>
<tr><td>古树编号</td><td colspan="2">32048100079</td><td colspan="2">县（市、区）</td><td colspan="2">溧阳市</td></tr>
<tr><td rowspan="2">树种</td><td colspan="6">中文名：朴树　拉丁名：Celtis sinensis Pers.</td></tr>
<tr><td colspan="6">科：榆科　属：朴属</td></tr>
<tr><td rowspan="3">位置</td><td colspan="6">乡镇：天目湖镇　村（居委会）：南钱村</td></tr>
<tr><td colspan="6">小地名：西南钱 90 号西侧</td></tr>
<tr><td colspan="3">纵坐标：E119°　25′　10.91″</td><td colspan="3">横坐标：N31°　20′　27.77″</td></tr>
<tr><td>树龄</td><td colspan="3">真实树龄：　　　年</td><td colspan="3">估测树龄：400 年</td></tr>
<tr><td>古树等级</td><td colspan="2">二级</td><td colspan="2">树高：11.8 米</td><td colspan="2">胸径：87 厘米</td></tr>
<tr><td>冠幅</td><td colspan="2">平均：9 米</td><td colspan="2">东西：9 米</td><td colspan="2">南北：9 米</td></tr>
<tr><td>立地条件</td><td>海拔：14 米</td><td>坡向：无</td><td>坡度：　度</td><td>坡位：平地</td><td colspan="2">土壤名称：黄棕壤</td></tr>
<tr><td>生长势</td><td colspan="2">正常株</td><td colspan="2">生长环境</td><td colspan="2">良好</td></tr>
<tr><td>影响生长环境问题</td><td colspan="6">古树周边为村镇建设用地，土壤板结严重，透水、透气性较差；树东侧为民居，距离较近，树下垃圾杂物堆积，对树有影响。</td></tr>
<tr><td>树木生长状况描述</td><td colspan="6">古树树干 3 米处二分叉，树干较光洁。1958 年树身 2 米处叉枝截掉后形成腐烂空洞，空洞内有仙人掌生长；北侧枫杨较高，影响古树光照。</td></tr>
<tr><td>保护复壮措施</td><td colspan="6">1. 环境清理：对古树周围及树下垃圾等杂物进行清理，对树洞中寄生的仙人掌进行清理，减轻对古树生长的影响。
2. 枯死枝干清理：对古树上的枯死枝干进行清理，对清理后的截口进行消毒杀菌。待干燥后，在有活组织的部分使用萘乙酸愈伤膏涂抹，其他截口进行防腐处理。
3. 树洞处理：对主干上的空洞进行清腐处理，彻底清除内部腐烂组织后，使用消毒剂、杀菌剂，对树体特别是刮除病死组织部分进行消毒杀菌处理。待干燥后，使用熟桐油进行防腐处理，打磨 1 遍，刷涂 1 遍，重复 3 遍，使熟桐油尽可能渗透木质部，提高防腐效果。防腐处理干燥后，对朝天树洞采用封闭式修补，使用发泡剂对树干进行填充，并压平上色，使树形美观，减少雨水侵蚀。
4. 杂树清理：对北侧枫杨进行截干处理，增加古树光照。
5. 土壤改良：对土壤进行深翻，清除土壤中的砖石瓦砾，回填营养土，提高土壤透气性，增施有机肥和根系促生长剂，提高根系活力。</td></tr>
</table>

·古树生长主要问题·

古树周围及树下堆有杂物

古树树身2米处叉枝截掉后形成腐烂空洞，树洞中生长有仙人掌

树身腐烂孔洞较多

古树枯枝多

古树周边土壤板结严重

·古树保护复壮措施·

环境清理

枯死枝干清理

仙人掌、朝天树洞处理

清腐处理

树洞封堵

枫杨截干处理

土壤改良

·古树保护复壮效果·

◎ 枣树（32048100084）

古树编号	32048100084	县（市、区）	溧阳市
树 种	中文名：枣树 拉丁名：*Ziziphus jujuba* Mill.		
	科：鼠李科 属：枣属		
位置	乡镇：上黄镇 村（居委会）：洋渚村		
	小地名：洋渚村老年活动中心前		
	纵坐标：E119° 32′ 45.21″	横坐标：N31° 32′ 29.08″	
树龄	真实树龄： 年	估测树龄：300 年	
古树等级	二级	树高：9 米	胸径：45 厘米
冠幅	平均：7.5 米	东西：7 米	南北：8 米
立地条件	海拔：6 米 坡向：无	坡度： 度 坡位：平地	土壤名称：水稻土
生长势	正常株	生长环境	良好
影响生长环境问题	古树周边为村镇建设用地，树周为一花池，土壤的透水、透气性较好。		
树木生长状况描述	古树周围被 1 米高红叶石楠包围；主干内部中空，基部向上 0.5 米处有一条长 10 厘米的腐烂开放空洞。枣树结果较多，营养消耗大。		
保护复壮措施	1. 环境清理：清除周边垃圾杂物和杂灌，减少土壤养分的流失，增加古树生长空间。 2. 修枝疏果：对古树进行修枝疏果，减少不必要的养分流失。过多结果，营养消耗过多，容易导致生长势衰弱。 3. 透气管设置：在古树周围设置透气管 2 根，促进根系土壤透气性。通过透气管增施有机肥和根系促生长剂，提高根系活力。 4. 清腐防腐：对枯枝、空洞内部腐烂组织进行清理。彻底清理腐烂组织后，使用消毒剂、杀菌剂，对树体特别是刮除病死组织部分进行消毒杀菌处理。待干燥后，使用熟桐油进行防腐处理（刷涂 1 遍，打磨 1 遍），防腐处理重复 2~3 遍，尽可能使熟桐油浸透木质部。 5. 树洞处理：对主干腐朽树洞进行清理，同时做开放式处理，在空洞底部开排水口，防止内部积水。 6. 土壤改良：对古树周围的土壤进行深翻，清除土壤中的砖石瓦砾和杂灌根系，提高土壤透水、透气性，增施有机肥和根系促生长剂，提高根系活力。		

· 古树生长主要问题 ·

古树周围长满高红叶石楠等杂灌，树上爬满杂藤

古树树周为一花池

古树主干内部中空，基部向上 0.5 米处有一条长 100 厘米的腐烂开放空洞

古树枯枝较多

·古树保护复壮措施·

环境清理

修理枝干

树洞处理

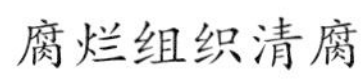

腐烂组织清腐

设置透气管

防腐处理

主干空洞防腐

空洞底部排水口处理

朝天洞处理

土壤改良

·古树保护复壮效果·

◎ 黄连木（32048100087）

<table>
<tr><td>古树编号</td><td>32048100087</td><td>县（市、区）</td><td>溧阳市</td></tr>
<tr><td rowspan="2">树 种</td><td colspan="3">中文名：黄连木　拉丁名：Pistacia chinensis Bunge</td></tr>
<tr><td colspan="3">科：漆树科　属：黄连木属</td></tr>
<tr><td rowspan="3">位置</td><td colspan="3">乡镇：天目湖镇　村（居委会）：梅岭村</td></tr>
<tr><td colspan="3">小地名：梅岭村 35 号前（村前）</td></tr>
<tr><td colspan="2">纵坐标：E119°　24′　18.83″</td><td>横坐标：N31°　11′　10.35″</td></tr>
<tr><td>树龄</td><td colspan="2">真实树龄：　　　年</td><td>估测树龄：260 年</td></tr>
<tr><td>古树等级</td><td>三级</td><td>树高：14.2 米</td><td>胸径：90 厘米</td></tr>
<tr><td>冠幅</td><td>平均：10.5 米</td><td>东西：11 米</td><td>南北：10 米</td></tr>
<tr><td>立地条件</td><td colspan="3">海拔：80 米　坡向：无　坡度：　度　坡位：平地　土壤名称：黄棕壤</td></tr>
<tr><td>生长势</td><td>正常株</td><td>生长环境</td><td>良好</td></tr>
<tr><td>影响生长环境问题</td><td colspan="3">古树周边为村镇建设用地，土壤板结严重，透水、透气性较差。</td></tr>
<tr><td>树木生长状况描述</td><td colspan="3">树干 5 米处二分叉，分叉下萌生新枝，主干有少量腐烂空洞；根系土壤流失，部分根基裸露。</td></tr>
<tr><td>保护复壮措施</td><td colspan="3">1. 环境清理：清除周边垃圾杂物，减少对古树生长的影响。
2. 枯死枝干清理：对树体上的枯死枝干进行清理，在靠近房屋一侧的枝干，受大风影响常会打击墙壁，给住户造成影响，在不破坏古树整体生长状态的基础上对其进行了清理，对所有清理后的伤口进行消毒杀菌后，使用萘乙酸愈伤膏对伤口进行涂抹，促进伤口愈合恢复。
3. 清腐防腐：对古树上的小树洞进行清腐处理，彻底清除内部腐烂组织后，使用消毒剂、杀菌剂对树洞进行消毒杀菌。待干燥后，使用熟桐油对内部进行防腐处理，防腐处理重复 2~3 次。对部分朝天树洞进行了封堵，其他树洞则做开放式处理，并做好排水。
4. 土壤改良：在古树周围做树池，对土壤进行深翻，深度在 40~50 厘米，清除土壤中的砖石瓦砾，对根基土壤进行客土和营养土回填，改善土壤透气性，增施有机肥，增加土壤养分；增施根系促生长剂，提高根系活力。</td></tr>
</table>

·古树生长主要问题·

古树周边堆满垃圾杂物

古树根基裸露，砖石瓦砾多

靠近房屋一侧的枝干影响房屋

古树上有枯枝、树洞

·古树保护复壮措施·

环境清理、砌树池

土壤改良

清理靠近房屋一侧影响房屋的枝干

防腐处理

枯死枝干清理

树洞清理

·古树保护复壮效果·

◎ 三角枫（32048100089）

古树编号	32048100089	县（市、区）	溧阳市
树种	中文名：三角枫　拉丁名：*Acer buergerianum* Miq.		
	科：槭树科　属：槭属		
位置	乡镇：天目湖镇　村（居委会）：梅岭村		
	小地名：梅岭村 103 号（井塘边）		
	纵坐标：E119° 24′ 22.20″	横坐标：N31° 11′ 7.56″	
树龄	真实树龄：　年	估测树龄：200 年	
古树等级	三级	树高：9.7 米	胸径：50+76 厘米
冠幅	平均：19.5 米	东西：15 米	南北：24 米
立地条件	海拔：83 米　坡向：无	坡度：　度　坡位：平地	土壤名称：黄棕壤
生长势	正常株	生长环境	良好
影响生长环境问题	古树周边为村镇建设用地，水泥场地较多，周边建筑物较多，土壤的透水、透气性一般。树体紧靠村民用水的池塘岸边，仅背水一侧有根系，对树有一定影响。		
树木生长状况描述	古树整体生长良好，基部二分叉，胸径分别为 50 厘米、76 厘米。古树两主干均有从上至下的纵贯空洞，内部腐烂严重，仅保留 5~10 厘米边皮木质部存活。树体倾斜严重，加之主干空洞，支撑力不足，存在严重安全隐患。		
保护复壮措施	1. 生长空间拓展：结合古树周围环境，将树池空间向水池方向拓展，在基部一侧与水池流通处设隔挡，防止基部长年泡水，并将原有根系周围的水泥覆盖全部拆除。在保护根系的基础上，清理根系周围砖石瓦砾，并回填客土，增施有机肥和根系促生长剂，提高根系活力。 2. 支撑加固：结合重心和古树周边环境对古树进行整体支撑加固，支撑采用直径为 15~20 厘米镀锌钢管构成。 3. 枝干清理：对古树上的枯死枝干进行清理，对清理后的截口进行消毒杀菌。待干燥后，在有活组织的部分使用萘乙酸愈伤膏涂抹，其他截口进行防腐处理。对东向伸展较远的枝干在秋季进行短截，消除其风折断落的潜在风险。 4. 树洞处理：对主干上的空洞进行清腐处理，彻底清除内部腐烂组织后，使用消毒剂、杀菌剂，对树体特别是刮除病死组织部分进行消毒杀菌处理。待干燥后，使用熟桐油进行防腐处理，打磨 1 遍，刷涂 1 遍，重复 3 遍。古树空洞以开放式处理，空洞底部做好排水疏通，并确保雨水不会在空洞内存积。		

·古树生长主要问题·

树体紧靠村民用水的池塘岸边，水位高，生长受限

古树周边水泥场地多

根系生长空间有限，根盘裸露

枯枝、枯桩较多

古树两主干均有从上至下的纵贯空洞，内部腐烂严重

树体倾斜严重，加之主干空洞，支撑力不足

·古树保护复壮措施·

水池侧生长空间拓展

古树周边水泥场地破拆

根系周围砖石瓦砾清理

根系营养土回填

根系营养土回填

生长空间拓展效果

支撑加固

枝干清理

树洞处理

·古树保护复壮效果·

◎ 桂花（32048100092）

<table>
<tr><td>古树编号</td><td colspan="2">32048100092</td><td colspan="2">县（市、区）</td><td>溧阳市</td></tr>
<tr><td rowspan="2">树 种</td><td colspan="5">中文名：桂花　拉丁名：Osmanthus fragrans (Thunb.) Lour.</td></tr>
<tr><td colspan="5">科：木犀科　属：木犀属</td></tr>
<tr><td rowspan="3">位置</td><td colspan="5">乡镇：昆仑街道　村（居委会）：古渎村（原东溪村）</td></tr>
<tr><td colspan="5">小地名：五荡湾 88 号屋后（原小学内）</td></tr>
<tr><td colspan="2">纵坐标：E119°　26′　29.09″</td><td colspan="3">横坐标：N31°　29′　19.48″</td></tr>
<tr><td>树龄</td><td colspan="2">真实树龄：　　　年</td><td colspan="3">估测树龄：150 年</td></tr>
<tr><td>古树等级</td><td colspan="2">三级</td><td colspan="2">树高：6.6 米</td><td>胸径：48 厘米</td></tr>
<tr><td>冠幅</td><td colspan="2">平均：8 米</td><td colspan="2">东西：8 米</td><td>南北：8 米</td></tr>
<tr><td>立地条件</td><td>海拔：3 米</td><td>坡向：无</td><td>坡度：　度</td><td>坡位：平地</td><td>土壤名称：水稻土</td></tr>
<tr><td>生长势</td><td colspan="2">正常株</td><td colspan="2">生长环境</td><td>良好</td></tr>
<tr><td>影响生长环境问题</td><td colspan="5">古树周边为村镇建设用地，土壤的透水、透气性一般，树南侧为房，西侧为围墙，对古树有一定影响。</td></tr>
<tr><td>树木生长状况描述</td><td colspan="5">古树整体生长势正常，树干 50 厘米处二分叉，两侧枝离地 2 米处又二分叉。树干光滑无疤痕，冠幅较完整，偏东南。东南侧枝 2 米处分叉有开裂，倚靠在房顶上。</td></tr>
<tr><td>保护复壮措施</td><td colspan="5">1. 枝干清理：对斜靠在房顶一侧的枯死枝干进行清理，并适当疏枝，促进冠幅内部通风透光。对清理后的截口，使用消毒剂、杀菌剂进行消毒杀菌，在有活组织的截口使用萘乙酸愈伤膏涂抹，其他截口进行防腐处理。另外，对古树分叉开裂处做保护处理。
2. 支撑加固：为防止树体再次向靠墙一侧倾斜，造成分枝处劈裂，在有倾斜趋势的枝干处设置支架，提供支撑，支架呈“A”字形，支架基部铺设钢架基座，基座采用上部混凝土（厚 30 厘米，既增加支撑面，又保护钢架连接焊点），下部螺纹钢的结构（4 根直径 2.5 厘米螺纹钢，深 120 厘米）（如右下图所示），防止支架下沉或随树体摆动，在支架与树体接触点垫 1 厘米厚的橡胶垫，防止枝干摩擦受损；对支架进行刷漆，提高耐久度和美观度。
3. 清腐防腐：对古树上的小树洞进行清腐处理，彻底清除内部腐烂组织后，使用消毒剂、杀菌剂对树洞进行消毒杀菌，待干燥后，使用熟桐油对内部进行防腐处理，防腐处理重复 2~3 次。
4. 土壤改良：对根系土壤进行深翻，清理土壤中的砖石瓦砾，提高根系土壤透气性，增施有机肥，提高土壤养分，促进根系生长。 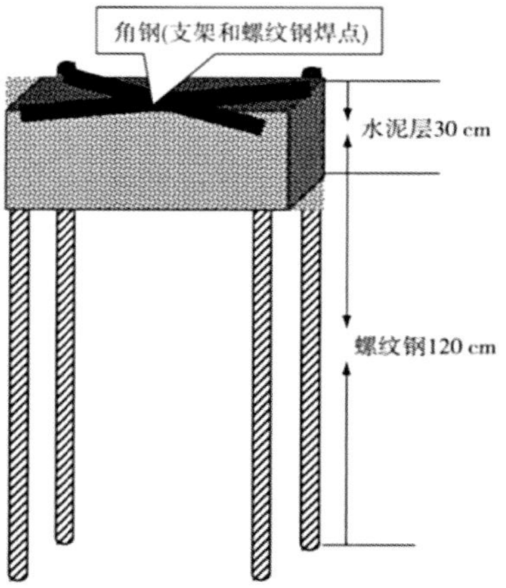
角钢(支架和螺纹钢焊点)
水泥层30 cm
螺纹钢120 cm</td></tr>
</table>

·古树生长主要问题·

主干倾斜，倚靠在房顶上

古树有树洞，较深

古树有较多枯枝

分叉有开裂

·古树保护复壮措施·

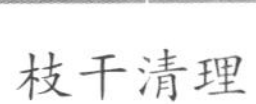
枝干清理

清腐防腐

支撑加固

·古树保护复壮效果·

◎ 桂花（32048100093）

<table>
<tr><td>古树编号</td><td colspan="2">32048100093</td><td colspan="2">县（市、区）</td><td>溧阳市</td></tr>
<tr><td rowspan="2">树 种</td><td colspan="5">中文名：桂花　拉丁名：Osmanthus fragrans (Thunb.) Lour.</td></tr>
<tr><td colspan="5">科：木犀科　属：木犀属</td></tr>
<tr><td rowspan="3">位置</td><td colspan="5">乡镇：别桥镇　村（居委会）：西马村（原下梅村）</td></tr>
<tr><td colspan="5">小地名：东下梅村55号西侧（原粮站东侧）</td></tr>
<tr><td colspan="2">纵坐标：E119° 22′ 10.22″</td><td colspan="3">横坐标：N31° 32′ 26.61″</td></tr>
<tr><td>树龄</td><td colspan="2">真实树龄：　　年</td><td colspan="3">估测树龄：200 年</td></tr>
<tr><td>古树等级</td><td colspan="2">三级</td><td colspan="2">树高：6.2 米</td><td>胸径：35 厘米</td></tr>
<tr><td>冠幅</td><td colspan="2">平均：4.5 米</td><td colspan="2">东西：4 米</td><td>南北：5 米</td></tr>
<tr><td>立地条件</td><td>海拔：6 米</td><td>坡向：无</td><td>坡度：　度</td><td>坡位：平地</td><td>土壤名称：水稻土</td></tr>
<tr><td>生长势</td><td colspan="2">正常株</td><td colspan="2">生长环境</td><td>良好</td></tr>
<tr><td>影响生长环境问题</td><td colspan="5">古树周边为村镇建设用地，土壤的透水、透气性较好。树东北侧为房，对古树有一定影响。</td></tr>
<tr><td>树木生长状况描述</td><td colspan="5">古树树干从基部到2米处木质部已经腐烂，深达髓心，韧皮部剩一半，主干有枯梢，现有枝叶为萌芽枝。</td></tr>
<tr><td>保护复壮措施</td><td colspan="5">1. 枝干清理：对古树上的枯死枝干进行清理，并适当剪除萌生枝、徒长枝，促进冠幅内部通风透光。对清理后的截口，使用消毒剂、杀菌剂进行消毒杀菌，在有活组织部分使用萘乙酸愈伤膏涂抹，其他截口进行防腐处理。
2. 树洞处理：对古树整体做清腐防腐处理，对树干上的腐烂组织进行清理，使用磨光机进行打磨，彻底清理腐烂组织后，使用消毒剂、杀菌剂。对树体特别是刮除病死组织部分进行消毒杀菌处理，使用杀虫剂预防虫害。待干燥后，使用熟桐油进行防腐处理（刷涂1遍，打磨1遍），防腐处理重复2~3遍，尽可能使熟桐油浸透木质部，并在树干底部做排水处理，防止积水。
3. 土壤改良：对根系土壤进行深翻，清理土壤中的砖石瓦砾，促进根系土壤透气性，增施有机肥，提高土壤养分，促进根系生长。
4. 透气管设置：在古树周围设置透气管2根，提高根系土壤透气性，通过透气管增施有机肥和根系促生长剂，提高根系活力。</td></tr>
</table>

·古树生长主要问题·

萌生枝、徒长枝多，密不透风

古树树干从基部到2米处木质部已经腐烂，深达髓心

树东北侧为房，对古树有一定影响

枯死枝干多

· 古树保护复壮措施 ·

清理枯死枝干、疏枝、截口处理

清腐处理

防腐处理

设置透气管

·古树保护复壮效果·

◎ 桂花（32048100094）

<table>
<tr><td>古树编号</td><td>32048100094</td><td colspan="2">县（市、区）</td><td colspan="2">溧阳市</td></tr>
<tr><td rowspan="2">树 种</td><td colspan="5">中文名：桂花　拉丁名：Osmanthus fragrans (Thunb.) Lour.</td></tr>
<tr><td colspan="5">科：木犀科　属：木犀属</td></tr>
<tr><td rowspan="3">位置</td><td colspan="5">乡镇：南渡镇　村（居委会）：堑口村</td></tr>
<tr><td colspan="5">小地名：蔡家村原小学内</td></tr>
<tr><td colspan="2">纵坐标：E119°　16′　17.12″</td><td colspan="3">横坐标：N31°　24′　2.32″</td></tr>
<tr><td>树龄</td><td colspan="2">真实树龄：　　年</td><td colspan="3">估测树龄：　160 年</td></tr>
<tr><td>古树等级</td><td>三级</td><td colspan="2">树高：7.2 米</td><td colspan="2">胸径：48 厘米</td></tr>
<tr><td>冠幅</td><td>平均：7 米</td><td colspan="2">东西：7 米</td><td colspan="2">南北：7 米</td></tr>
<tr><td>立地条件</td><td>海拔：5 米</td><td>坡向：无</td><td>坡度：度</td><td>坡位：平地</td><td>土壤名称：水稻土</td></tr>
<tr><td>生长势</td><td>正常株</td><td colspan="2">生长环境</td><td colspan="2">差</td></tr>
<tr><td>影响生长环境问题</td><td colspan="5">古树周边为村镇建设用地，树基四周为水泥地，土壤的透水、透气性差，易积水。树南侧为房，对古树有一定影响。</td></tr>
<tr><td>树木生长状况描述</td><td colspan="5">树干 1.2 米处分叉，东侧枝 1.8 米处又二分叉；西侧枝木质部全腐烂，2 米向上至 4 米有一深 10 厘米、宽 8 厘米的纵向腐烂孔；部分侧枝已枯死；树干整体向东南侧倾斜，斜靠在房顶。</td></tr>
<tr><td>保护复壮措施</td><td colspan="5">1. 枝干清理：对古树上的枯死枝干进行清理，并适当剪除萌生枝、徒长枝，促进冠幅内部通风透光。对清理后的截口，使用消毒剂、杀菌剂进行消毒杀菌，在有活组织部分使用萘乙酸愈伤膏涂抹，其他截口进行防腐处理。
2. 树洞处理：对树体空洞内部腐烂组织进行彻底清理，空洞以开放式处理，空洞底部做好排水疏通，并确保雨水不会在空洞内存积；在彻底清理腐烂组织后，使用消毒剂、杀菌剂，对树体特别是刮除病死组织部分进行消毒杀菌处理。待干燥后，使用熟桐油进行防腐处理（刷涂 1 遍，打磨 1 遍），重复 2~3 次，尽可能使熟桐油浸透木质部，提高防腐效果。
3. 打透气孔：在树池周围硬质地面打多个透气孔，提高土壤的透水、透气性。
4. 土壤改良：对根系土壤进行深翻，清理土壤中的砖石瓦砾，促进根系土壤透气性，回填客土，向树池内以及透气孔中增施有机肥和根系促生长剂，提高土壤养分，促进根系生长。</td></tr>
</table>

·古树生长主要问题·

树基四周为水泥地，树干整体倾斜，斜靠在房顶

西侧枝木质部全腐烂

树池底，易积水

枯枝较多

·古树保护复壮措施·

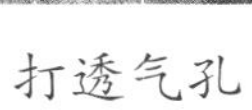

打透气孔

树洞处理

枯枝、萌生枝、徒长枝处理

土壤改良

· 古树保护复壮效果 ·

◎ 桂花（32048100095）

<table>
<tr><td>古树编号</td><td>32048100095</td><td colspan="2">县（市、区）</td><td>溧阳市</td></tr>
<tr><td rowspan="2">树 种</td><td colspan="4">中文名：桂花　拉丁名：Osmanthus fragrans (Thunb.) Lour.</td></tr>
<tr><td colspan="4">科：木犀科　属：木犀属</td></tr>
<tr><td rowspan="3">位置</td><td colspan="4">乡镇：上黄镇　村（居委会）：前化村</td></tr>
<tr><td colspan="4">小地名：前化村湖东特种水产养殖专业合作社（前化冷库，原村委大院东侧）</td></tr>
<tr><td colspan="2">纵坐标：E119°　31′　58.00″</td><td colspan="2">横坐标：N31°　32′　24.78″</td></tr>
<tr><td>树龄</td><td colspan="2">真实树龄：　　年</td><td colspan="2">估测树龄：　200 年</td></tr>
<tr><td>古树等级</td><td>三级</td><td colspan="2">树高：6.6 米</td><td>胸径：35 厘米</td></tr>
<tr><td>冠幅</td><td>平均：5 米</td><td colspan="2">东西：5 米</td><td>南北：5 米</td></tr>
<tr><td>立地条件</td><td colspan="4">海拔：5 米　坡向：无　坡度：　度　坡位：平地　土壤名称：水稻土</td></tr>
<tr><td>生长势</td><td>正常株</td><td colspan="2">生长环境</td><td>差</td></tr>
<tr><td>影响生长环境问题</td><td colspan="4">古树周边为村镇建设用地，土壤的透水、透气性较差。树在荒废的围墙内，周围杂灌丛生，爬藤植物覆盖到古树顶端。</td></tr>
<tr><td>树木生长状况描述</td><td colspan="4">树干 0.7 米处二分叉，东侧分叉径 28 厘米，西侧分叉径 22 厘米，东侧分叉又二分叉（径 18 厘米 +25 厘米）；顶部枯枝明显。</td></tr>
<tr><td>保护复壮措施</td><td colspan="4">1. 环境清理：对古树周围影响生长的杂灌、杂藤进行清理，减少土壤养分流失，减轻对古树生长的影响。
2. 枯死枝干清理：对枯死枝干进行清理，并适当剪除萌生枝、徒长枝，促进冠幅内部通风透光。对清理后的截口，使用消毒剂、杀菌剂进行消毒杀菌，干燥后使用萘乙酸愈伤膏对截口进行涂抹，促进伤口愈合恢复。
3. 清腐防腐：对古树整体做清腐处理，对树干上的小型空洞内部腐烂组织进行清理。彻底清理腐烂组织后，使用消毒剂、杀菌剂，对树体特别是刮除病死组织部分进行消毒杀菌处理，使用杀虫剂预防虫害。待干燥后，使用熟桐油进行防腐处理（刷涂 1 遍，打磨 1 遍），重复 2~3 遍。之后对部分枝干进行密封处理，避免后期雨水进入，加剧腐烂。
4. 土壤改良：将根系附近的水泥地面进行清理，扩大根系生长空间。对根系土壤进行深翻，清理土壤中的砖石瓦砾及杂灌根系，促进根系土壤透气性，增施有机肥，提高土壤肥力，促进古树生长。
5. 透气管设置：设置透气管 1 根，提高根系土壤透气性。通过透气管向深处增施有机肥和根系促生长剂，提高根系活力。</td></tr>
</table>

·古树生长主要问题·

古树生长在荒废的围墙内

古树萌生枝、徒长枝多，冠幅内部密不透风

古树有大枝枯死

古树根系附近覆盖水泥地面

古树周围杂灌丛生，爬藤植物覆盖到古树顶端

树干上分布有腐烂小型空洞

·古树保护复壮措施·

环境清理

枯死枝干清理

树洞封堵

水泥地面清理

土壤改良

设置透气管

古树萌生枝、徒长枝清理

清腐防腐

·古树保护复壮效果·

◎ 朴树（121）

古树编号	121	县（市、区）	溧阳市
树种	中文名：朴树　拉丁名：*Celtis sinensis* Pers.		
	科：榆科　属：朴属		
位置	乡镇：天目湖镇　村（居委会）：平桥村		
	小地名：柴芥村 11 号前（进村路口）		
	纵坐标：E119°　26′　41.56″		横坐标：N31°　10′　58.79″
树龄	真实树龄：　　年		估测树龄：　120 年
古树等级	三级	树高：15 米	胸径：92 厘米
冠幅	平均：14 米	东西：13 米	南北：15 米
立地条件	海拔：119 米　坡向：无	坡度：　度　坡位：平地	土壤名称：黄棕壤
生长势	衰弱株	生长环境	差
影响生长环境问题	古树周边为村镇建设用地，土壤的透水、透气性较差。树北侧为水泥路，西南侧为房，根系生长空间受限。		
树木生长状况描述	古树树干 1.5 米处有两个直径 25 厘米蛀孔，2 米处有一枯枝，3 米处有一枯枝，仅剩二主枝；主干空洞腐烂严重，内部有寄生植物生长。		
保护复壮措施	1. 环境清理：对古树周围及树下垃圾等杂物进行清理，对树洞中寄生植物进行清理，减轻对古树生长的影响。 2. 枯死枝干清理：对古树上的枯死枝干进行清理，对清理后的截口进行消毒杀菌。待干燥后，在有活组织的部分使用萘乙酸愈伤膏涂抹，其他截口进行防腐处理。 3. 树洞处理：对主干上的空洞进行清腐处理，彻底清除内部腐烂组织后，使用消毒剂、杀菌剂，对树体特别是刮除病死组织部分进行消毒杀菌处理。待干燥后，使用熟桐油进行防腐处理，打磨 1 遍，刷涂 1 遍，重复 3 遍，使熟桐油尽可能渗透木质部，提高防腐效果。防腐处理干燥后，对朝天树洞采用封闭式修补，使用发泡剂对树干进行填充，并压平上色，使树形美观，减少雨水侵蚀。 4. 支架支撑：结合古树重心及树体倾斜趋势现场设置支架，支架采用“A”字形镀锌钢管结构，与树干接触处为“U”型口，方便支架卡住树干，防止树干晃动。同时在接触点垫有橡胶垫，防止树干磨损。另外，为防止夜间行人车辆意外碰到支架，造成古树二次伤害，在支架下部贴有反光贴，起警示作用。 5. 土壤改良：对土壤进行深翻，清除土壤中的砖石瓦砾，回填营养土，提高土壤透气性，增施有机肥和根系促生长剂，提高根系活力。		

·古树生长主要问题·

古树北侧为水泥路，西南侧为房，土壤板结

古树主干倾斜明显，枯死枝多

古树树洞、凹槽、伤疤多

·古树保护复壮措施·

枯死枝清理

树洞处理

支架设置

·古树保护复壮效果·

◎ 冬青（124）

<table>
<tr><td>古树编号</td><td colspan="2">124</td><td colspan="3">县（市、区）</td><td>溧阳市</td></tr>
<tr><td rowspan="2">树 种</td><td colspan="6">中文名：冬青　拉丁名：Hex Purpurea HassR</td></tr>
<tr><td colspan="6">科：冬青科　属：冬青属</td></tr>
<tr><td rowspan="3">位置</td><td colspan="6">乡镇：上兴镇　村（居委会）：涧东村</td></tr>
<tr><td colspan="6">小地名：涧东村村委后104国道西边</td></tr>
<tr><td colspan="3">纵坐标：E119°　14′　27.96″</td><td colspan="3">横坐标：N31°　34′　32.98″</td></tr>
<tr><td>树龄</td><td colspan="3">真实树龄：　　年</td><td colspan="3">估测树龄：　350 年</td></tr>
<tr><td>古树等级</td><td colspan="2">二级</td><td colspan="2">树高：9.7 米</td><td colspan="2">胸径：82 厘米</td></tr>
<tr><td>冠幅</td><td colspan="2">平均：14 米</td><td colspan="2">东西：15 米</td><td colspan="2">南北：13 米</td></tr>
<tr><td>立地条件</td><td>海拔：18 米</td><td>坡向：无</td><td>坡度：　度</td><td colspan="2">坡位：平地</td><td>土壤名称：水稻土</td></tr>
<tr><td>生长势</td><td colspan="2">衰弱株</td><td colspan="2">生长环境</td><td colspan="2">良好</td></tr>
<tr><td>影响生长环境问题</td><td colspan="6">古树周边为农业用地，土壤的透水、透气性较好，生长位置相对偏低，排水不畅，有积水现象，周围杂灌草较多。</td></tr>
<tr><td>树木生长状况描述</td><td colspan="6">古树树干2米处呈多分枝，整体树冠相对完整，南部、西部各有一枝已劈断，其他枝完整；有部分枯枝，树皮光滑；枝条有蚧壳虫危害，严重，树洞较多。</td></tr>
<tr><td>保护复壮措施</td><td colspan="6">1. 环境清理：对古树周围杂灌草进行清理，减轻对古树生长的影响。
2. 枯死枝干清理：对古树上的枯死枝干进行清理，对清理后的截口进行消毒杀菌。待干燥后，在有活组织的部分使用萘乙酸愈伤膏涂抹，其他截口进行防腐处理。
3. 虫害防治：喷洒蚧必防治蚧壳虫，清除蛴螬等虫害。
4. 树洞处理：对主干上的空洞进行清腐处理，彻底清除内部腐烂组织后，使用消毒剂、杀菌剂，对树体特别是刮除病死组织部分进行消毒杀菌处理。待干燥后，使用熟桐油进行防腐处理，打磨1遍，刷涂1遍，重复3遍，使熟桐油尽可能渗透木质部，提高防腐效果。防腐处理干燥后，对朝天树洞采用封闭式修补，使用发泡剂对树干进行填充，并压平上色，使树形美观，减少雨水侵蚀，对较大树洞底部做排水处理，防止内部积水。
5. 土壤改良、排水处理：针对古树生长位置地势相对偏低的问题，对古树周围排水系统进行疏导、改造，尽可能将周围地表径流引入东侧沟渠内。对土壤进行深翻，增施有机肥和根系促生长剂，提高根系活力。</td></tr>
</table>

·古树生长主要问题·

古树周围长满杂灌、草

古树树干布满虫孔

古树枯死枝干明显

古树树洞较多

·古树保护复壮措施·

杂灌草清理、排水系统疏导

枯死枝干清理

病虫害防治

树洞处理

清腐处理

防腐处理

土壤改良

·古树保护复壮效果·